山东省生物多样性保护战略与行动计划（2011～2030年）

田贵全　刘　强　主编

山东大学出版社

《山东省生物多样性保护战略与行动计划(2011～2030年)》编制领导小组

组　　长　葛为砚

副 组 长　鞠振平　王德明　刘　强

成　　员　（按姓氏笔画排序）

田贵全　周　茜　宋新荣　张秀珍

张　建　房　用

《山东省生物多样性保护战略与行动计划(2011～2030年)》编委会

主　　编　田贵全　刘　强

副 主 编　宗雪梅　刘　建　苗明升

编写人员　（按姓氏笔画排序）

孔　梅　田贵全　刘　建　刘　强

李　凡　苗明升　范小莉　宗雪梅

孟祥亮　赵　超　徐景涛　高　洁

曹惠明

前　言

生物多样性是生物与环境形成的生态复合体以及与此相关的各种生态过程的总和，它包括生态系统多样性、物种多样性和遗传资源多样性等三个方面的内容。生物多样性是人类赖以生存的条件，是经济社会可持续发展的基础，是生态安全和粮食安全的保障，关系到当代及子孙后代的福祉。

“生物多样性是生命，生物多样性就是我们的生命。”保护生物多样性就是保护我们的生命。1992 年联合国发布了《生物多样性公约》，公约规定，每一缔约国要制定并及时更新国家战略、计划或方案。到 2010 年，全球已有 193 个国家成为《生物多样性公约》的缔约国，170 多个缔约国制定了国家生物多样性战略和行动计划，超过 35 个国家对其生物多样性战略和行动计划进行了修订。中国政府高度重视生物多样性保护工作。1992 年中国加入了《生物多样性公约》，成为首批缔约国之一。1994 年 6 月发布了《中国生物多样性保护行动计划》。2010 年 9 月国务院审议通过了《中国生物多样性保护战略与行动计划(2011～2030 年)》，提出了我国未来 20 年生物多样性保护的总体目标、战略任务和优先行动，成为指导我国生物多样性保护的纲领性文件。2011 年成立了中国生物多样性保护国家委员会，通过了《联合国生物多样性十年中国行动方案》，将生物多样性保护上升为国家战略，成为生态文明建设的重要内容。

编制省级生物多样性保护战略与行动计划是贯彻落实《中国生物多样性保护战略与行动计划（2011～2030 年）》的重要措施。2012 年 8 月山东省环境保护厅组织山东省环境监测中心站、山东大学、山东师范大学、山东省林业科学研究院和山东省海洋资源与环境研究院等单位联合开展了《山东省生物多样性保护战略与行动计划（2011～2030 年）》（以下简称《计划》）的编制工作。2014 年 8 月，经省政府同意，省环保厅、省发展改革委、省财政厅等 7 部门联合印发了《计划》。《计划》全面系统地评估了山东省生物多样性状况及其保护成效，提出了生物多样性保护的指导思想、5 项基本原则、3 个阶段性目标和7 大战略任务，划定了 15 个陆地生物多样性保护优先区域和 15 个海洋与海岸带生物多样性保护优先区域，确定了生物多样性保护的 10 个优先领域、24 个优先行动和 70 个优先项目，成为今后一个时期山东省生物多样性保护的纲领性文件，对全省生物多样性保护具有里程碑意义。

由于时间和水平有限，书中还有一些不妥之处，恳请国内外同行专家和读者批评指正。

编　者

2015 年 10 月

目 录

第一部分　生物多样性现状

一、陆地生物多样性概况

1. 陆地生态系统多样性

陆地生态系统是一定陆域空间内生物群落与非生物环境之间通过不断的物质循环、能量流动和信息传递过程而形成的相互作用和相互依存的统一整体。陆地生态系统结构和功能状况反映人类活动对生态系统的扰动强度。

为了定量描述山东省陆地生态系统格局，以2010年美国陆地卫星影像（Landsat TM）为数据源，应用遥感与地理信息系统（GIS）技术，监测了山东省农田、林地、草地、水域湿地、城乡居民点及工矿用地和未利用土地等6大生态系统类型和水田、旱田、有林地、灌木林地、疏林地、其他林地、高覆盖度草地、中覆盖度草地、低覆盖度草地、河渠、湖泊、水库坑塘、海涂、滩地、城镇用地、农村居民点用地、工矿用地、沙地、盐碱地、沼泽地、裸土地、裸岩石砾地和其他未利用土地等23种次级生态系统类型的区域分布与面积。遥感监测结果表明（见图1-1），山东省陆地生态系统格局具有以下6个主要特点：①农田生态系统是山东省主要生态系统类型，其面积占全省土地总面积的60.2％。②城乡居民点及工矿用地是山东省重要生态系统类型，其面积占全省土地总面积的19.0％。③林地生态系统面积较小，而且分布相对集中。林地生态系统面积占全省土地总面积的7.0％，84.5％的林地分布在鲁东丘陵区和鲁中南山地丘陵区。④草地生态系统面积小，分布比较集中。草地生态系统面积占全省土地总面积比例为8.2％，烟台、临沂、枣庄和青岛等4城市草地面积占全省草地面积的57.3％。⑤水域湿地生态系统面积小，河渠与水库坑塘是主要湿地类型。水域湿地生态系统面积占全省土地总面积的4.7％，河渠与水库坑塘的面积占全省水域湿地面积的58.3％。⑥未利用土地面积小，其面积仅占全省土地总面积的0.9％，主要分布在黄河三角洲地区，盐碱地和沼泽地分别占未利用土地面积的43.3％和39.1％，是未利用土地的主要类型。

山东省植被类型分为针叶林、阔叶林、竹林、灌丛、灌草丛、草甸、砂生植被、水生植被和沼泽植被等9种植被型和80个群系类型（见表1-1）。鲁中南山地丘陵区和鲁东丘陵区植物群系类型较为丰富，均在40种以上，而鲁西北平原区植物群系类型较少，多在36种以下。

表 1-1　　　　山东省植物群系类型

植被型	序号	群系
针叶林	1	赤松林
	2	油松林
	3	黑松林
	4	侧柏林
	5	落叶松林
	6	白皮松林
	7	华山松林
	8	水杉林
	9	杉木林
	10	红松林
	11	樟子松林
	12	日本花柏林
	13	马尾松林
阔叶林	1	麻栎林
	2	栓皮栎林
	3	落叶阔叶杂木林
	4	刺槐林
	5	毛白杨林
	6	旱柳林
	7	枫杨林
	8	赤杨林
	9	榆林
	10	欧美杨林
	11	蒙古栎林
	12	短柄枹林
	13	槲树林
	14	白桦林
	15	泡桐林

植被型	序号	群系
竹林	1	刚竹林
	2	毛竹林
灌丛	1	山茶灌丛
	2	大叶胡颓子灌丛
	3	盐肤木灌丛
	4	白檀灌丛
	5	胡枝子灌丛
	6	绣线菊灌丛
	7	黄栌灌丛
	8	鹅耳枥灌丛
	9	柽柳灌丛
	10	白刺灌丛
	11	其他灌丛
灌草丛	1	荆条、酸枣、黄背草灌草丛
	2	荆条、酸枣、白羊草灌草丛
	3	白茅灌草丛
	4	黄背草、细柄草灌草丛
草甸	1	结缕草草甸
	2	狗牙根草甸
	3	野青茅草甸
	4	芦苇草甸
	5	星星草草甸
	6	白茅草甸
	7	獐毛草甸
	8	盐地碱蓬草甸
	9	罗布麻草甸
	10	茵陈蒿草甸

植被型	序号	群系
草甸	11	含有耐盐植物的芦苇草甸
	12	飘拂草、肾叶打碗花草甸
	13	马蔺草甸
	14	盐角草草甸
	15	其他草甸
砂生植被	1	砂生植被
水生植被	1	金鱼藻、黑藻、狐尾藻群落
	2	浮萍、品藻群落
	3	紫萍、浮萍群落
	4	野菱、芡实群落
	5	莲群落
	6	沮草、苦草、茨藻群落
	7	竹叶眼子菜群落
	8	满江红、槐叶萍群落
	9	荇菜、水鳖群落
	10	菱群落
	11	萍蓬草、睡莲群落
	12	眼子菜、浮叶眼子菜群落
	13	空心莲子草群落
	14	节节菜群落
	15	大米草群落
沼泽植被	1	芦苇沼泽
	2	菰沼泽
	3	水葱沼泽
	4	香蒲沼泽

2. 陆地物种多样性

山东省拥有野生脊椎动物602种，其中哺乳动物13科39种，鸟类62科399种，爬行动物7科22种，两栖动物5科9种，淡水鱼类31科133种。野生脊椎动物中受威胁动物80种，国家级重点保护动物76种，省级重点保护动物75种，中国特有动物46种。据统计，山东省县域野生脊椎动物种类数在269～437之间变化。38.3%的县域野生脊椎动物种类数在269～290之间变化，36.7%的县域野生脊椎动物种类数变化范围介于310～373之间，25%的县域野生脊椎动物种类数在405～437之间变化。山东省野生脊椎动物分布呈现自东向西递减趋势，东部沿海与低山丘陵地区物种丰富度较高，西部北部平原地区物种丰富度相对匮乏（见图1-2）。

山东省昆虫种类丰富。已有研究数据显示，山东省拥有蜻蜓目昆虫8科28属38种，直翅目昆虫23科64属106种，蚊虫类5属17种，双翅目蠓科昆虫8属51种，双翅目花蝇科昆虫13属23种。崂山昆虫研究资料表明，崂山分布有7科30属31种半翅目昆虫。据26个县粮库及农户贮粮调查结果，山东省有贮粮害虫及天敌36科82种。

山东省拥有野生高等植物207科783属1868种，其中苔藓植物55科145属368种，蕨类植物25科40属96种，裸子植物3科3属4种，被子植物124科595属1400种。野生高等植物中受威胁植物24种，国家级重点保护植物6种，省级重点保护植物46种，中国特有植物229种。苔藓植物区域分布差异明显，鲁东丘陵区分布有苔藓植物348种，鲁中南山地丘陵区分布有苔藓植物317种，鲁西北平原区分布有苔藓植物45种。据统计，山东省县域野生维管束植物种类在151～1011之间变化。45%的县域野生维管束植物种类数在151～288之间变化，35.8%的县域野生维管束植物种类数变化范围在309～694之间，19.2%的县域野生维管束植物种类数介于714～1011之间。野生维管束植物区域分布呈现鲁东丘陵区和鲁中南山地丘陵区野生维管束植物丰富度较高，鲁西北平原区野生维管束植物丰富度较低的规律（见图1-3）。

山东省已知野生大型真菌350余种，野生大型经济真菌226种，其中具有食用价值的168种，具有药用价值的98种，具有毒性的44种。昆嵛山和崂山记录的大型真菌数量分别为77种和40种。泰山记录药用真菌32种。

3. 陆地物种遗传多样性

山东省拥有地方畜禽品种36个，其中32个列入国家资源名录，是全国地方畜禽品种资源种类最多的省份之一。1999年，鲁西黄牛、渤海黑牛、德州驴、莱芜猪、大蒲莲猪、里岔黑猪、烟台黑猪、五莲黑猪、小尾寒羊、洼地绵羊、大尾寒羊、济宁青山羊、沂蒙黑山羊、崂山奶山羊、寿光鸡、中国斗鸡、济宁百日鸡、微山麻鸭和豁眼鹅等19个地方畜禽品种被列入《山东省畜禽品种保护名录》。2011年，鲁西黄牛、莱芜猪、里岔黑猪、小尾寒羊、沂蒙黑山羊、济宁青山羊、汶上芦花鸡、鲁西斗鸡、微山麻鸭和五龙鹅等10个地方畜禽品种被列入《山东省首批十大重点保护地方畜禽品种》。在全国78个国家级畜禽品种保护名录中，山东省有鲁西黄牛、渤海黑牛、豁眼鹅、中国斗鸡、里岔黑猪、小尾寒羊和青山羊等7个畜禽品种名列其中。

山东省拥有已审定的农作物品种共10362种，其中粮食作物5491种，油料作物973种，棉麻作物798种，瓜菜类作物1428种，水果类1270种，食用菌类135种，其他经济作物102种。主要推广的农作物品种包括小麦 5 种，玉米 5 种，水稻 5 种，大蒜 4 种，生姜 4 种，潍县萝卜3 种，花生 4 种。果树品种资源丰富，名特产品种多，主要果树品种包括苹果 10 种，枣 3 种，梨 5 种。

山东省拥有中药材资源 1400 余种，其中植物类药材约 1300 种。种植中药材 70 余种，种植面积约 12 万 hm^2，占全国药材种植总面积的 10%。

二、海洋生物多样性概况

1. 海洋生态系统多样性

山东省海洋生态系统可分为海岸带生态系统、岛屿生态系统、河口生态系统和近海生态系统等 4 种类型。山东省海岸线北起冀鲁交界处的漳卫新河河口，南至鲁苏交界处的绣针河口，大陆海岸线长 3345km。海岸类型包括淤泥粉沙质海岸、沙质海岸和基岩海岸 3 种类型。大陆海岸潮间带面积约 4394.5km^2，毗邻海域面积 15.96 万 km^2，面积大于 1km^2 的海湾 49 个，水深－20m 以内浅海面积 3.22 万 km^2。近岸海域散布海岛 589 个，海岛面积约 111km^2，海岛岸线长 563km。黄河三角洲面积约 15.3 万 hm^2，是世界上最典型的河口生态系统之一。

2. 海洋物种多样性

山东省海洋浮游植物、浮游动物、大型底栖动物和游泳动物多样性研究较多，原核生物、原生生物、真菌和小型底栖生物多样性研究较少。渤海已鉴定浮游植物 32 属 85 种，浮游动物 60 多种。黄海已知有浮游植物 34 属 93 种。山东近海分布有底栖动物 171 种，潮间带生物 510 种，鱼类 284 种，甲壳类 65 种（属），头足类 14 种，爬行类6 种，鸟类 66 种，哺乳类 14 种。

3. 海洋物种遗传多样性

运用分子生物学技术，开展了海洋鱼类、甲壳动物和贝类物种遗传多样性研究，取得了重要研究成果。例如，建立了重要经济鱼种的 DNA 条形码库，获得了斑鰶、斑尾复虾虎鱼、鲬、中国鳕、鲳鱼、松江鲈、青鳞小沙丁鱼、短鳍鱼衔、绯鱼衔、中国对虾、火枪乌贼、双齿围沙蚕等海洋物种遗传多样性数据，采集了重要经济鱼种样品，开展了遗传多样性评价等。

三、生物多样性受威胁现状

1. 生态系统功能局部退化

林地以次生林和人工林为主，树种单一，抵御病虫害能力差。2009 年林地资源普查结果表明，山东省森林覆盖率 16.43%，防护林、用材林和经济林面积分别占全省林地面积的 42.1%、20.0%和 14.1%。防护林树种主要是侧柏（*Platycladus orientalis*）、油松（*Pinus tabuliformis*）、黑松（*Pinus thunbergii*）、刺槐（*Robinia pseudoacacia*）和杨树，用材林主要是速生丰产树种，经济林主要是果树林、桑树和柞树林。林地树种结构单一，抗病虫害能力差。据统计，山东省森林病虫害种类约 700 种，其中发生面广、危害严重的种类有杨树溃疡病、杨树烂皮病、杨树食叶害虫、杨树蛀干害虫、松烂皮病、赤松毛虫、双条杉天牛、日本松干蚧、美国白蛾等。

人工湿地面积增加，天然湿地面积减少。1990年至2008年，山东省人工湿地面积增加了83.6%，内陆湿地和滨海湿地面积分别减少了35.3%和40.1%。1987年至2005年，南四湖人工湿地面积增加了51.1%，自然湿地面积减少了35.1%。胶州湾近几十年内面积缩小了35%。

海洋及海岸带物种栖息地不断丧失。据调查，1986年至2000年，山东省海岸工程占用海岸线长度增加了54%。1855年至1984年，黄河三角洲海岸线淤进52.56km，造陆面积1890.8km^2，1976年至1992年，黄河造陆面积550km^2，年均造陆面积32.4km^2。莱州湾、胶州湾、五垒岛湾和丁字湾等区域海岸线在近20年发生了剧烈变迁。渤海湾南部产卵场、莱州湾西南部产卵场、莱州湾东北部产卵场、烟威近海产卵场、乳山近海产卵场和海州湾产卵场等山东近海重要产卵场产卵密集区范围萎缩。莱州湾、胶州湾等海域生物种类减少，渔获量大幅下降，湿地面积减少，生态功能衰退。

2. 部分物种濒危程度加剧

山东省拥有濒危野生脊椎动物92种，包括极危物种4种、濒危物种14种、易危物种37种和近危物种37种。濒危野生脊椎动物以鸟类为主，占濒危野生脊椎动物种类总数的54.3%。濒危野生维管束植物25种，包括极危物种1种、易危物种6种和近危物种17种。濒危野生维管束植物以兰科植物为主，占濒危野生维管束植物种类总数的52%。

濒危物种分布丰度呈现自东向西逐渐降低的特点。鲁东丘陵区、鲁中南山地丘陵区和黄河三角洲地区濒危物种丰度指数均在4.5%以上，鲁西北平原区濒危物种丰度指数均在4.5%以下。

3. 遗传资源丧失和流失

山东省农作物品种及野生近缘种种质资源不断丧失和流失。1950 年以来，全省大面积推广的 62 个小麦品种遗传多样性在 1980 年前后最高，并高于全国及其他麦区，之后迅速下降。水稻、小麦、花生、甘薯、板栗、山楂、核桃与酸枣等野生近缘种的生存环境受到不同程度的破坏。黄河三角洲原来随处可见的野生大豆曾面临着绝迹的危险。济宁百日鸡、德州驴、糁糠鸡、文登黑鸭、大尾寒羊等 10 余个畜禽品种数量急剧下降，呈现濒危倾向。沂蒙黑山羊、汶上芦花鸡等 12 个农户保存品种也出现濒危倾向。建国以来，山东省已有荣成元宝鸡、沾化黑猪等 6 个畜禽品种灭绝。

第二部分　生物多样性保护工作的成效、问题与挑战

一、生物多样性保护成效与经验

1. 生物多样性保护法律法规体系逐步建立

（1）生物多样性保护法律体系初步建立

1991年以来，山东省人民代表大会常务委员会先后发布实施了《山东省实施〈中华人民共和国野生动物保护法〉办法》《山东省森林和野生动物类型自然保护区管理办法》《山东省陆上石油勘探开发环境保护条例》《山东省农业环境保护条例》《山东省环境保护条例》《山东省风景名胜区管理条例》《山东省国有林场条例》《关于建设生态省的决议》和《山东省海洋环境保护条例》等法律法规与规章，为生物多样性保护提供了法律依据。

1991年以来，山东省政府印发实施了《山东省重点保护野生动物名录》《山东省渔业资源保护办法》《关于建设生态山东的决定》《关于贯彻落实国办发［2010］63号文件进一步加强自然保护区管理工作的通知》和《山东省湿地保护办法》。这些政府规章的实施

对生物多样性保护发挥了重要作用。

2010年以来，山东省环保厅、省林业厅等相关行业主管部门印发了《山东省生态功能保护区管理暂行办法》《山东省省级自然保护区规范化建设和管理导则（试行）》《山东省自然保护区规范化建设和管理考评办法（试行）》《关于对野生动物观赏展演单位相关活动进行清理整顿和监督检查的通知》《关于加强鸟类等野生动物保护执法 切实做好野生动物疫源疫病监测防控工作的紧急通知》《关于加强林业自然保护区建设 促进生物多样性保护的意见》《山东省农业转基因生物安全突发事件应急预案》等规范性文件，推进了我省生物多样性保护工作的规范化、法制化进程。

（2）生物多样性保护规划和计划逐步实施

1999年以来，我省相继实施了《山东省近岸海域环境功能区划》《山东省碧海行动计划》《山东省湿地保护工程规划（2006～2020年）》《山东省自然保护区发展规划（2008～2020年）》《山东省重点生态功能保护区规划（2008～2020年）》《山东生态省建设规划纲要》《山东省海洋功能区划》《山东省湿地保护工程实施规划（2011～2015年）》《山东省海洋功能区划（2011～2020年）》和《山东省主体功能区规划》等规划和计划。这些规划与计划的实施促进了我省生物多样性保护工作。

（3）生物多样性保护工作机制逐步完善

相关行业主管部门成立了生物多样性管理机构。省环保厅设立了自然生态保护处，加强生物多样性保护。省林业厅设立了野生动植物保护站，负责野生动植物保护。省海洋与渔业厅设立了海洋环保处，负责海洋生物多样性保护。省农业厅设立了农业环保处，负责农业环境保护。省水利厅设立了水土保护处，负责水土保持工作。1984 年成立了“野生动物保护协会”。1982 年省政府确定每年 4 月 23 日至 29 日为“爱鸟周”，1991 年省政府确定每年 11 月份为“野生动物保护宣传月”。

2. 生物多样性保护研究与基础工作有效开展

有关部门先后组织开展了野生动植物资源调查，鸟类资源普查，南四湖、东平湖与水库渔业资源调查，黄海、渤海与海岸带资源调查，生态环境现状调查和自然保护区基础调查等一系列调查工作，出版了《山东植物志》《山东省志·生物志》《山东苔藓植物志》等物种编目志书，编印了《山东省生态环境现状调查报告》《自然保护区科学考察报告》等一系列资源调查报告，开展了泰山、崂山、昆嵛山、黄河三角洲等区域的生物多样性研究工作。2010 年完成了环保部生物多样性评价试点项目《山东省生物多样性评价研究》。2012 年完成了环保部自然保护区基础调查项目《山东省自然保护区基础调查》。

1984 年以来，先后在长岛、青岛、日照和济南等地开展了鸟类环志工作，建立了野生动物疫源疫病监测体系，建立了 11 个国家级疫源疫病监测站与 22 个省级疫源疫病监测站。

3. 就地保护工作成绩显著

(1) 自然保护区建设

建设自然保护区是保护生物多样性，维护生态环境安全，促进生态文明建设的重要手段。1980 年建立了山东省第一个自然保护区，即山东山旺古生物化石国家级自然保护区。到2013年底，山东省已建设自然保护区73个，面积为99.9万hm^2，占全省国土总面积的6.35%，低于全国15.19%的平均水平和世界13.4%的平均水平，其中，国家级自然保护区7个，面积22.0万hm^2，省级自然保护区38个，面积55.3万hm^2，市级自然保护区18个，面积16.1万hm^2，县级自然保护区10个，面积6.6万hm^2。自然保护区类型涉及森林生态、海洋海岸、内陆湿地、地质遗迹、野生动物、野生植物和古生物遗迹等7种类型，初步形成了布局基本合理、类型比较齐全、具有一定管理水平的自然保护区体系。

（2）风景名胜区建设

建设风景名胜区是有效保护与合理利用风景名胜资源，促进可持续发展的有效途径。1982年11月，山东泰山风景名胜区和青岛崂山风景名胜区被国务院列入第一批国家重点风景名胜区名单。1985年，山东省公布了青州云门山省级风景名胜区、梁山水泊梁山省级风景名胜区和博山蕉岭前省级风景名胜区等3个省级风景名胜区。到2009年底，山东省已建设风景名胜区40个，面积26.8万hm^2，占全省国土面积的1.71%。其中，国家级风景名胜区5个，面积8.13万hm^2，省级风景名胜区35个，面积18.7万hm^2。

（3）森林公园建设

建设森林公园的目的是保护与合理利用森林风景资源，发展森林生态旅游。1983年9月，建立了山东省第一个森林公园，即威海海滨国家森林公园。到2012年底，山东省已建立森林公园235个，面积39.6万hm^2，占全省国土面积的2.53%。其中，国家森林公园39个，面积17.9万hm^2，省级森林公园69个，面积9.66万hm^2，市级森林公园 127 个，面积 12.0 万 hm^2。

（4）湿地公园建设

湿地公园具有湿地保护、恢复、宣教、科研、监测、生态旅游等多种功能。2006 年，山东省首次建立了海阳小孩儿口、牟平养马岛和莱阳五龙河等 3 个省级湿地公园。到 2013 年 1 月，山东省已建设湿地公园 80 个，面积 10.9 万 hm^2，占全省国土面积的 0.70%。其中，国家级湿地公园 24 个，面积 2.6 万 hm^2，省级湿地公园 56 个，面积8.3 万hm^2。

（5）海洋特别保护区建设

建设海洋特别保护区是保护海洋生态环境与海洋生物资源的有效措施。2007 年，建立了山东省第一个海洋特别保护区，即山东昌邑海洋生态特别保护区。到 2013 年，山东省已建设海洋特别保护区 27 个，面积 27.4 万 hm^2。其中，国家级海洋特别保护区 21 个，面积 23.1 万 hm^2，省级海洋特别保护区 6 个，面积 4.3 万 hm^2。

（6）水产种质资源保护区建设

建设水产种质资源保护区的目的是保护水产种质资源及其生存环境。2007 年 12 月，农业部公布了第一批国家级水产种质资源保护区名单，其中包括山东省崆峒列岛刺参、南四湖乌鳢青虾、长岛皱纹盘鲍光棘球海胆、海州湾大竹蛏、莱州湾单环刺螠近江牡蛎和靖海湾松江鲈鱼等 6 个国家级水产种质资源保护区。到 2013 年底，山东省已建立国家级水产种质资源保护区 30 个，面积 17.6 万 hm^2。

4. 迁地保护工作进一步加强

(1) 动物园建设

动物园具有自然保护、科学研究、科普教育和休闲娱乐等功能。至2013年底，山东省已建设动物园38个，包括济南动物园、青岛动物园、临沂动植物园、潍坊金宝乐园动物园、烟台南山公园动物园、威海环翠楼动物园、枣庄人民公园动物园、济宁动物园、淄博动物园和泰安虎山公园动物园等。动物园驯养培植及经营企业126家，从业人员15534人，实现年产值超过10亿元。

另外，山东省建有济南跑马岭野生动物世界，威海荣城市西霞口野生动物世界和青岛黄岛区小珠山森林野生动物世界等3家野生动物园。其中，济南跑马岭野生动物世界是国内最大的野生动物园。

(2) 植物园建设

植物园是植物种质资源的集聚地，是乡土植物和外来植物的活标本园，是生物多样性保护的重要科研与实践基地。1956年，建立了山东省第一个植物园，即山东林校树木园。1976年，青岛植物园开始建设。1989年，济南植物园建成开放。到2013年底，山东省已建设植物园16个，其中规模较大的是临沂动植物园，其占地面积145.6hm^2，已收集植物186科223属1500种。

(3) 农作物种质资源库建设

2010年9月，成立了山东省农作物种质资源中心，总投资2726万元，建设总面积3650m^2，是国内最大的省级种质资源库。目前，山东省已保存普通小麦种质资源2200余份，玉米地方品种资源441份，花生种质资源1800余份，棉花种质资源1470余份，谷子种质资源2200多份，高粱种质资源1200多份，大豆栽培品种835份，蔬菜种质资源3000多份，果树种质资源141份。

（4）林木种质资源建设

“山东（暖温带）珍稀濒危树种种质资源保护与利用建设项目”是我国第一个国家级林木种质资源保护利用项目。项目规划建设6个原地保护区，面积231hm^2，5个迁地保存区，面积88.9hm^2，1座中心库，面积38.7hm^2。项目建设一期优先保护20个树种种质资源，保存6061份珍稀濒危树种种质资源。

（5）畜禽种质资源基因库建设

山东省现有地方畜禽保护品种32个，其中包括鲁西黄牛、德州驴等大家畜品种5个，莱芜猪、里岔黑猪等地方猪品种8个，小尾寒羊、济宁青山羊等地方羊品种8个，寿光鸡、中国斗鸡等地方鸡品种7个，豁眼鹅、金乡百子鹅等地方鹅品种2个，微山麻鸭、文登黑鸭等地方鸭品种2个。建立了鲁西黄牛、莱芜猪、里岔黑猪、小尾寒羊、沂蒙黑山羊、济宁青山羊、汶上芦花鸡、鲁西斗鸡、微山麻鸭和五龙鹅等十大地方畜禽品种原种场。

（6）药用植物种质资源

山东省拥有药用植物1299种，其中藻类43种，菌类32种，地衣2种，苔藓类3种，蕨类73种，种子植物1143种。目前，鉴定保存桔梗（*Platycodon gradiflorus*）、丹参（*Saliva miltiorrhiza*）、黄芪（*Astragalus membranaceus*）、黄芩（*Scutellaria baicalensis*）、

石竹（*Dianthus chinensis*）、金银花（*Lonicera japonica*）和紫苏（*Perilla frutescens*）等种质资源390余份、育种中间材料800余份。

(7) 农业微生物资源

山东省保存有生物农药、生物肥料和食用菌等优良菌株400余株，植物病原真菌菌种及动物病原菌200余株，另有一定数量的药用真菌资源。

(8) 水生生物遗传资源

1999年成立了“山东省水产原良种审定委员会”，制定了《山东省水产原良种审定办法》和《山东省水产原良种场验收办法》。到2013年底，山东省已建立涉海国家级、省级水产原良种场63个（除青岛），其中原种场22个，良种场41个，共涉及27个物种。

5. 生物安全管理得到进一步强化

环保部门编制了包括生物安全管理与生物多样性保护在内的环境保护规划。农业部门制定了《山东省农业转基因生物加工许可审批办法》和《转基因农作物种子生产许可》等管理办法。林业部门设立了生物安全管理办公室，建立了外来入侵物种防治协作组，成立了跨部门的动植物检疫风险分析委员会，组织完成了山东林业生物安全评价研究项目。海洋与渔业部门建立了海洋生态特别保护区和水产种质资源保护区，开展了海洋生物多样性监测工作。海关与检验检疫部门开展了危险生物检验检疫工作，完善了检验检疫法规和工作规程。质量监督部门加强了地理标志保护产品建设工作，已建设山东省地理标志保护产品30余个。

6. 对外合作宣传取得一定成效

近年来，环保、林业、高校与科研院所等相关部门与德国、澳大利亚、韩国、日本等国家在生物地理、自然保护区、湿地和生物多样性保护等领域开展了一系列技术培训、交流与合作，提高了生物多样性保护与管理水平。在世界环境日、爱鸟周、湿地日、野生动植物保护宣传月和齐鲁环保世纪行等活动中，广泛宣传生物多样性保护工作，提高了公众的生物多样性保护意识。

二、生物多样性保护面临的主要问题与挑战

1. 生物多样性保护存在的主要问题

（1）生物多样性保护法律和政策体系尚不完善

现行生物多样性保护的有关法规政策不适应生物多样性保护工作的需要，部分地方政府和部门对生物多样性保护的重要性认识不足，未处理好生物多样性保护与合理利用的关系，公众生物多样性保护意识淡薄。

（2）生物物种资源家底不清，调查和编目任务繁重

山东省动植物志书编制资料多采用50年代普查资料，与现状差距大，亟须更新。特别是栽培植物、引进物种和外来入侵物种亟须开展动态跟踪调查。自然保护区资源本底不清。63％的自然保护区缺乏综合科学考察报告，67％的自然保护区未编制总体规划。

(3) 生物多样性监测和预警体系尚待完善

珍稀濒危物种、重点保护物种、引进物种、外来入侵物种与栽培植物等动态监测体系与机制尚不完善，定期监测报告制度尚未建立，预警监测能力尚未形成。自然保护区科研监测工作十分薄弱。近50%的自然保护区无科研用房和监测站（点）。

(4) 生物多样性投入不足，管护水平有待提高

自然保护区资金不足，管理机构不健全，科技人员少。42%的自然保护区缺乏事业经费，20%的自然保护区没有固定资产，50%以上的自然保护区无国家与地方投入的基建资金，35.6%的自然保护区未建立专门的管理机构，27%的自然保护区未设立保护管理站，近50%的自然保护区未建界碑界桩，22%的自然保护区没有配备科技人员。

2. 生物多样性保护面临的形势与挑战

(1) 森林次生化，部分生态系统服务功能降低

山东省森林生态系统的主要特点是：森林覆盖率偏低，林种与树种构成单一，林龄结构不甚合理，生态系统服务功能降低。2009年，全省森林总面积347.2万hm^2，森林覆盖率16.43%，其中，防护林、用材林和经济林的面积占全省林地面积的76.2%，松柏类、刺槐和杨树类等3类树种的面积占全省林地面积的93.7%，中龄林与幼龄林面积占全省林地面积的86%，森林林木蓄积量占全省林木蓄积总量的76%。

（2）城镇化与工业化加速，物种生境破碎化严重，异质性降低

山东省城镇化水平由1994年的30%上升到2012年的52.4%，城乡居民点和工矿用地面积占全省国土面积的比例由2000年的12.1%提高到2012年的19.7%。生态系统景观斑块数量由2000年的28.3万个增加到2010年的29.8万个，平均斑块面积由2000年的55.3km^2下降到2010年的52.5km^2。城镇化与工业化快速发展，物种生境破碎化呈现加重趋势，威胁生物多样性。

（3）湿地面积锐减，环境污染，湿地生态系统稳定性下降

1990年至2008年，山东省内陆湿地与滨海湿地面积分别减少了40.1%和35.3%。“十一五”期间，山东省河流水质劣Ⅴ类断面比例在36.6%～53.6%之间变化，水库富营养化程度呈加重趋势，城市空气中主要污染物SO_2、NO_2和可吸入颗粒物浓度年均值呈上升趋势。湿地面积减少与湿地环境污染引起湿地生物种类减少和群落结构简单化，降低了生态系统稳定性。

（4）生物资源开发利用方式不合理，野生生物资源衰退

肥城桃、烟台苹果与莱阳梨等地方特产种质资源因过度开发导致品质下降，蔬菜与特产粮食等品种保护不足，动植物药材与野菜等资源开发无序，小黄鱼、带鱼、真鲷、牙鲆和鳓鱼等海洋渔业资源因过度捕捞已严重衰退，甚至濒临绝迹。生物资源过度利用和无序开发，导致野生生物资源衰退。

（5）外来物种入侵严重，挤占本地物种生态位

山东省已发现外来入侵高等动植物46种。喜旱莲子草、大花金

鸡菊等外来物种呈蔓延之势。凤眼莲在部分淡水水域中大量繁殖，堵塞河道。大米草在海滩地带广泛分布，影响海洋渔业发展。一些渔业养殖种类的引入，侵占了本地物种的生存环境，排挤本地物种，使本地的鱼、虾、贝等大量死亡。

第三部分　生物多样性保护战略

一、指导思想

深入贯彻落实党的十八大和十八届三中全会精神，以生态文明建设为指导，统筹生物多样性保护与经济社会发展，提升生物多样性的生态服务功能，完善生物多样性保护体制机制，加强生物多样性管护能力建设，提高公众保护与参与意识，推动生态山东和美丽山东建设，促进人与自然和谐，实现经济社会发展与环境保护共赢。

二、基本原则

1. 保护优先

在经济社会发展中优先考虑生物多样性保护，优先保护生物多样性重点区域、珍稀濒危物种、特有物种和生态关键种，加强生态环境保护执法，强化生态功能保护和恢复，限制可能损害生态功能的产业扩张，引导资源环境可承载的特色产业发展，走生态经济型的发展道路。

2. 可持续利用

坚持生物多样性资源的可持续利用，严格禁止掠夺性开发生物资源，加强资源生物的引种、驯养及管理，促进生物资源可持续利用技术的研发与推广，科学、合理和有序地利用、经营生物资源。

3. 公众参与

加强生物多样性保护宣传教育，提高公众保护意识和行动能力，积极引导社会团体和基层群众的广泛参与，强化信息公开和舆论监督，建立全社会共同参与生物多样性保护的有效机制和多元化投融资体制，推动建立生物遗传资源及相关传统知识的获取与惠益共享制度，实现生物多样性保护的公众参与和利益共享。

4. 整体保护

坚持自然生态系统就地保护为主，处理好全面保护、优先保护与重点保护的关系，加强生态系统和生物多样性整体保护，将生物多样性保护工作纳入全省各项相关工作的总体部署，采取有效措施，有计划、有步骤地实现生物多样性保护目标。

5. 统筹兼顾

统筹协调生物多样性保护与经济发展的关系，科学、合理地保护与利用生物多样性资源，确保生物多样性资源的可持续利用，实现生物多样性保护与经济社会发展双赢。

三、战略目标

1. 近期目标

到2015年底，生物多样性保护优先区域的生物多样性下降和生态系统退化趋势得到有效遏制；建立一批自然保护区、重点生态功能保护区、生态示范区、森林公园、湿地公园、地质公园和风景名胜区。国家级自然保护区全部达到规范化建设要求，省级自然保护区基本达到规范化建设要求；濒危物种80％以上得到保护；初步建立生物多样性监测、评估与预警体系；初步摸清全省生物多样性本底。

2. 中期目标

到2020年底，主要自然生态系统得到有效保护，生物多样性丧失与流失得到基本控制；生物多样性本底调查和评估全面完成，并实施有效监控；建成让江河湖泊休养生息的示范省；基本建成布局合理、功能完善的自然保护区体系，国家级和省级自然保护区全部实现规范化管理，森林覆盖率达到26％以上，濒危物种95％以上得到保护。

3. 远景目标

到2030年底，生物多样性得到切实全面保护；各类保护区数量和面积达到合理水平，自然保护区的保护效果提升，生态系统、物种和遗传多样性得到有效保护；形成完善的生物多样性保护政策法律体系和生物多样性资源可持续利用机制，保护生物多样性成为公众的自觉行为。

四、战略任务

1. 完善山东省生物多样性保护相关政策、法律法规

全面梳理有关生物多样性保护的法规政策，提高法规政策的系统性和协调性；修订完善有关生物多样性保护的法规政策、配套实施细则和保障措施；制定有关生物多样性保护的鼓励政策，建立重点区域生物多样性保护生态补偿机制，鼓励公众与企业参与生物多样性保护工作，形成完善的法规政策保障体系。

2. 将生物多样性保护纳入相关规划

研究制定将生物多样性保护纳入经济社会发展规划和部门规划的具体机制，建立规划编制与实施的评估监督办法。推动重点流域、区域与行业编制生物多样性保护战略与行动计划。

3. 加强生物多样性保护能力建设

加强生物多样性保护基础设施建设和规范化管理，强化生物多样性本底调查、科学研究与监测预警；加强学术交流与技术培训，培养科技创新人才，提高生物多样性管护水平。

4. 强化生物多样性就地保护，合理开展迁地保护

坚持生物多样性就地保护为主，迁地保护为辅。合理布局自然

保护区，强化野生动植物原生自然栖息地和自然生态系统的保护；加强植物园、动物园和种质资源库建设，对野外生境难以恢复的濒危特有物种和重要的野生遗传资源实施迁地保护。

5. 促进生物资源可持续开发利用

加强生物资源可持续利用技术研究与推广，完善生物资源开发利用管理制度；开展生物资源可持续利用价值评价，促进生物资源的可持续利用。

6. 加强外来入侵物种防治与生物安全管理

研究制定外来入侵物种和农业转基因等生物安全管理条例；建立外来物种的监测预警体系，制定潜在有害外来生物应急预案和防控体系；开发外来入侵物种可持续控制技术和清除技术；加强外来入侵物种防治与生物安全管理。

7. 提高公众参与意识

加强生物多样性保护宣传教育，引导公众积极参与生物多样性保护；建立和完善包括监督、举报、听证、执法、研讨、交流等形式多样的公众参与制度；倡导有利于生物多样性保护的生产、生活和消费方式，树立尊重自然、顺应自然、保护自然的生态文明理念。

第四部分　生物多样性保护优先区域

一、陆地生物多样性保护优先区域划分方案

陆地生物多样性保护优先区域是生态系统类型多样、物种多样性丰富、物种特有性高、外来物种入侵度低和濒危物种分布集中的地区，以及重要生态功能区。划分陆地生物多样性保护优先区域是有效保护生物多样性的重要措施。

山东省陆地生物多样性保护优先区域的划分方法采用叠加分析法。首先，生物多样性保护优先区域就是生物多样性丰富的地区。按照《区域生物多样性评价标准（HJ623-2011）》规定的评价指标和方法，应用《山东省生物多样性评价研究》成果，统计计算山东省县级行政区域的野生脊椎动物丰富度，野生维管束植物丰富度，生态系统类型多样性，物种特有性，受威胁物种丰富度、外来物种入侵度和生物多样性指数，评价山东省县域生物多样性等级，编制山东省陆地生物多样性指数县域分布图（见图 4-1）。第二，森林、草地与水域湿地生态系统是生物多样性分布比较集中的地区，具有重要的生态功能。以 2010 年美国陆地卫星影像（Landsat TM）为基本数据源，利用遥感与 GIS 技术，解译山东省森林、草地与水域湿地生态系统的面积与分布状况，编制山东省森林、草地和湿地生态系统分布图（见图 4-2）。第三，地形是影响生物多样性分布的重

要因素。应用分辨率为100m的山东省数字高程（DEM）数据，编制山东省数字高程图（见图4-3）。第四，运用GIS技术，将山东省生物多样性指数县域分布图，森林、草地与水域湿地生态系统分布图和数字高程分布图进行叠加分析，选择重叠较多的区域作为生物多样性保护优先区域。

根据山东省自然条件、社会经济状况与主要保护对象分布特点，将山东省划分为鲁东丘陵区、鲁中南山地丘陵区和鲁西北平原区等3个自然地理区和15个陆地生物多样性保护优先区域（见表4-1和图4-4）。

二、陆地生物多样性保护优先区域介绍

1. 鲁东丘陵区

本区位于潍河与沭河以东，北、东、南三面临海，范围涉及青岛、烟台、威海、日照和临沂等5市的31个县（市、区）。地貌类型以丘陵为主，海拔高度多在200～300m之间，崂山、昆嵛山、牙山、艾山等山峰海拔高度在800m以上。主要植被类型为落叶阔叶林和赤松针叶林，代表树种主要有麻栎、栓皮栎、黄连木、蒙古栎、槲树、枹栎、短柄枹、赤松、日本落叶松、黑松等，森林覆盖率为22%。区内已建立自然保护区34个，面积46.17万hm^2；森林公园70个，面积11.21万hm^2；风景名胜区15个，面积11.79万hm^2；湿地公园13个，面积2.35万hm^2。主要保护对象包括特殊生境下的黑松，刺槐、栎类森林植被，赤松天然次生林，针阔混交林，滨海河口湿地生态系统，内陆湿地生态系统，以及候鸟、濒危鸟类等野生动物资源。本区划分了昆嵛山、崂山、艾山—之莱山、大沽夹河—招虎山、大泽山、正棋山—伟德山和五莲山等7个生物多样性保护优先区域。

表 4-1　山东省生物多样性保护优先区域划分方案

序号	生物多样性保护优先区域	地理分区	涉及县域	面积（万 hm^2）
1	昆嵛山	鲁东丘陵区	牟平区、文登区	4.91
2	崂山		崂山区	4.67
3	大沽夹河—招虎山		栖霞市、福山区、莱山区、牟平区、莱阳市、海阳市	35.5
4	艾山—之莱山		蓬莱市、招远市、龙口市、栖霞市	14.8
5	大泽山		平度市、莱州市	5.51
6	正棋山—伟德山		荣成市、环翠区	5.67
7	五莲山		五莲县、莒县	10.1
8	泰山	鲁中南山地丘陵区	泰山区、历城区、章丘市、长清区、莱城区	34.9
9	鲁山		博山区、沂源县、临朐县、莱城区、钢城区、沂水县、蒙阴县	50.6
10	沂山		临朐县、沂源县、沂水县、蒙阴县	67.1
11	蒙山		平邑县、蒙阴县、费县、新泰市	17.2
12	抱犊崮		山亭区、兰陵县、平邑县、费县、邹城市	44.0
13	黄河三角洲	鲁西北平原区	河口区、利津县、垦利县、无棣县	41.9
14	南四湖		微山县	13.5
15	东平湖		东平县	3.02

(1) 昆嵛山生物多样性保护优先区域

本区包括昆嵛山及周边地区，范围涉及牟平区和文登区，面积4.91万hm^2。昆嵛山主峰泰礴顶海拔922m，相对高差800m。区内建有昆嵛山国家级自然保护区，面积15416.5hm^2，同时昆嵛山也是国家森林公园和省级风景名胜区。

本区是我国及东北亚赤松原生地和天然分布中心。分布有植物群系57种。维管束植物849种，其中蕨类植物35种，裸子植物6种，被子植物808种。维管束植物中包括濒危植物19种，国家级重点保护植物6种，省级重点保护植物29种。野生脊椎动物338种，其中鱼类29种，两栖类7种，爬行类14种，哺乳类27种，鸟类259种。野生脊椎动物中包括濒危动物27种，国家级重点保护动物45种，省级重点保护动物49种。

本区主要保护对象为赤松天然林等森林生态系统和濒危野生动植物。重点保护山东万寿竹、泰山韭、天麻（*Gastrodia elata*）、黄芪、鸿雁（*Anser cygnoides*）、中华秋沙鸭（*Mergus squamatus*）、白肩雕（*Aquila heliaca*）、大鸨（*Otis tarda dybowskii*）等受威胁动植物种群及其生境，并加强对银杏（*Ginkgo biloba*）、中华结缕草（*Zoysia sinica*）、野大豆（*Glycine soja*）、紫椴（*Tilia amurensis*）、白鹳（*Ciconia ciconia asiatica*）、黑鹳（*Ciconia nigra*）、金雕（*Aquila chrysaetos daphanea*）等国家级重点保护物种的保护。

(2) 崂山生物多样性保护优先区域

本区包括崂山及周边山区，面积4.67万hm^2。主峰崂顶海拔1132.7m，森林覆盖率68％。崂山既是省级自然保护区，又是国家森林公园、国家级风景名胜区和国家地质公园。

本区是我国同纬度地区植物种类最多、植物区系成分最复杂的地带。拥有植物群系 60 种。维管束植物 1037 种，其中蕨类植物 52 种，裸子植物 7 种，被子植物 978 种。维管束植物中包括濒危植物 31 种，国家级重点保护植物 11 种，省级重点保护植物 38 种。野生脊椎动物 411 种，其中鱼类 8 种，两栖类 9 种，爬行类 18 种，哺乳类 30 种，鸟类 346 种。野生脊椎动物中有濒危动物 39 种，国家级重点保护动物 64 种，省级重点保护动物 62 种。

本区暖温带森林生态系统典型，生物区系过渡特征明显，生物多样性丰富。主要保护对象为森林生态系统、野生动植物及濒危物种资源。加强对崂山及附近长门岩岛、大管岛等地野生耐冬山茶（*Camellia japonica*）及其原生地的保护，建议建立耐冬山茶自然保护区。崂山水库是青岛主要补充水源地，需作为水源涵养及城市水源地重点保护。

(3) 大沽夹河—招虎山生物多样性保护优先区域

本区位于鲁东丘陵区北部的大沽夹河流域，范围涉及栖霞、福山、莱山、牟平、莱阳和海阳等 6 个市（区），面积 35.5 万 hm^2。分布有招虎山、牙山、围子山、老寨山、嵛山等山峰，海拔高度多在 300～800m 之间，大沽夹河、门楼水库（银湖）、白洋河、庵里水库、月牙水库、龙角山水库、桃源水库、盘石水库等水体分布其中。区内已建立海阳招虎山、栖霞牙山、莱山围子山、银湖湿地、莱阳老寨山、牟平山等 6 个省级自然保护区和大沽夹河市级自然保护区，总面积 5.88 万 hm^2；建有招虎山、牙山和岠嵎山等 3 国家森林公园和合卢寺省级森林公园，总面积 1.34 万 hm^2。

区内拥有植物群系64种。维管束植物1223种，包括蕨类植物44种，裸子植物34种，被子植物1145种。维管束植物中有濒危植物33种，国家级重点保护植物11种，省级重点保护植物33种。野生脊椎动物430种，包括鱼类49种，两栖类8种，爬行类18种，哺乳类34种，鸟类321种。野生脊椎动物中有濒危动物37种，国家级重点保护动物56种，省级重点保护动物62种。

本区具有森林、河流与水库湿地、滨海湿地等多种生态系统类型，是天然物种基因库和野生动物的庇护所，是东北亚内陆与环西太平洋鸟类迁徙的重要驿站，是山东半岛北部重要的生态屏障，在保护生物多样性、涵养水源、调节气候等方面发挥着重要作用。重点保护对象包括森林生态系统、湿地生态系统、饮用水源地及野生动植物资源。重点保护赤松天然次生林，白鹤、松江鲈（*Trachidermus fasciatus*）、乌龟、团头鲂（*Megalobrama amblycephala*）和须拟鱊（*Paracheilognathus shibatuea*）等濒危动物种群及其生境，以及鹅掌楸、黄檗、珊瑚菜、水曲柳、中华结缕草、胶东薹草（*Carex jiaodongensis*）、荣成藨草（*Scirpus rongchengensis*）和烟台翠雀花（*Delphinium chefoense*）等特有珍稀植物野生种群。

（4）艾山—之莱山生物多样性保护优先区域

本区位于鲁东丘陵区北部，范围涉及蓬莱、招远、龙口和栖霞等4市，面积14.8万hm^2。分布有艾山、崮山、之莱山、罗山、大飘山等海拔高度在600m以上的山峰，和迟家沟水库、王屋水库、丘山水库、战山水库及黄水河等主要水体。区内已建立蓬莱艾山、龙口之莱山、龙口大飘山、黄水河河口湿地、招远罗山等5个省级自然保护区和栖霞崮山市级自然保护区，面积3.31万hm^2，罗山、艾山和龙口南山等 3 个国家森林公园和龙口、蓬莱睡虎山等 2 个省级森林公园，总面积 4705.3hm^2；蓬莱平畅河和栖霞白洋河等 2 个省级湿地公园，总面积 3888hm^2。

区内分布有植物群系 45 种。维管束植物 1198 种，包括蕨类植物 46 种，裸子植物 31 种，被子植物 1121 种。维管束植物中有濒危植物 30 种，国家级重点保护植物 12 种，省级重点保护植物 32 种。野生脊椎动物 429 种，包括鱼类 42 种，两栖类 8 种，爬行类 17 种，哺乳类 33 种，鸟类 329 种。野生脊椎动物中有濒危动物 42 种，国家级重点保护动物 62 种。野生脊椎动物有中省级重点保护动物 65 种。

本区发育有良好的赤松天然林和山东省唯一的紫椴天然次生纯林，分布有多种国家级重点保护动植物，是重要的水源涵养区。重点保护对象为森林生态系统与濒危动植物种群。加强对区内鸟类、小型兽类种群，黄芪、珊瑚菜等珍稀野生花卉、中药材的保护。

（5）大泽山生物多样性保护优先区域

本区位于鲁东丘陵区西北部，范围涉及平度市和莱州市，面积 5.51 万 hm^2。区内分布有大泽山、大基山、茶山、龙山、青山、云峰山等低山，大泽山主峰北峰顶海拔 737m，大基山主峰马山海拔 690.5m。淄阳水库、大泽山水库、留驾水库、临疃河水库、庙埠河水库、坎上水库、赵家水库等水库分布于本区。植被覆盖率在 90% 以上。已建立大泽山和大基山等 2 个省级自然保护区，面积 1.84 万 hm^2；建有大泽山和文峰山等 2 个省级森林公园，面积 741.8hm^2。

区内拥有群系类型 44 种。维管束植物 873 种，包括蕨类植物 31 种，裸子植物 5 种，被子植物 837 种。维管束植物中有濒危植物

16 种，国家级重点保护植物 9 种，省级重点保护植物 29 种。野生脊椎动物 355 种，包括鱼类 24 种，两栖类 8 种，爬行类 13 种，哺乳类 18 种，鸟类 292 种。野生脊椎动物中有濒危动物 31 种，国家级重点保护动物 55 种，省级重点保护动物 50 种。

本区分布有大面积以赤松为主的针叶林、针阔混交林和栎类落叶阔叶林，自然景观独特，生物多样性丰富。重点保护对象为赤松天然次生林、针阔混交林及栎类落叶阔叶林。加强对矮鸢尾、山东万寿竹、泰山韭、厚朴、鹅掌楸、玫瑰（*Rosa rugosa*）和黄芪等濒危野生植物种群的保护，加强对白鹤、东方白鹳、白枕鹤、花田鸡、大鸨、中华秋沙鸭和白肩雕等野生鸟类种群及其生境的保护。

（6）正棋山—伟德山生物多样性保护优先区域

本区位于山东半岛最东端，范围涉及荣成市和环翠区，面积 5.67 万 hm^2。区内分布有正棋山、伟德山等山峰，以及崮山水库、所前泊水库、纸坊水库、荣成月湖等水体。已建立山东荣成大天鹅国家级自然保护区，面积 1675hm^2；另有伟德山国家森林公园和正棋山省级森林公园，总面积 9029.1hm^2。

区内拥有植物群系 46 种。维管束植物 830 种，包括蕨类植物 29 种，裸子植物 2 种，被子植物 799 种。维管束植物中有濒危植物 16 种，国家二级重点保护植物 3 种，省级重点保护植物 29 种。野生脊椎动物 424 种，包括鱼类 20 种，两栖类 9 种，爬行类 18 种，哺乳类 30 种，鸟类 347 种。野生脊椎动物中有濒危动物 42 种，国家级重点保护动物 65 种，省级重点保护动物 63 种。

本区拥有森林、滩涂、泻湖、河口和浅海等多种生态系统，马山港泻湖是我国现存泻湖中保持最完整、最典型的泻湖，由于其生境独特，食物丰富，是大天鹅等珍稀鸟类的理想栖息地。主要保护对象为湿地生态系统、森林生态系统和野生水禽动物种群。重点保护白鹤、黑脸琵鹭、乌龟、林沙锥（*Gallinago nemoricola*）、短尾信天翁、白鹳、黑鹳和中华秋沙鸭等濒危物种，以及大天鹅种群及其生境。

(7) 五莲山生物多样性保护优先区域

本区位于山东半岛东南部，范围涉及五莲县和莒县，面积10.1万hm^2。区内分布有五莲山、九仙山、马耳山、浮来山等海拔在500m以上的山峰30余个，最高峰马耳山海拔高度706m。已建立五莲山国家森林公园和大青山省级森林公园，总面积8800hm^2。

本区拥有植物群系42种。维管束植物649种，包括蕨类植物17种，裸子植物3种，被子植物629种。维管束植物中有濒危植物7种，国家级重点保护植物3种。野生脊椎动物451种，包括淡水鱼类30种，两栖类9种，爬行类18种，哺乳类37种，鸟类357种。野生脊椎动物中有濒危动物49种，国家级重点保护动物66种，省级重点保护动物65种。

本区不仅是山东省最大的野生药材库，也是山东省野生杜鹃花基地。主要保护对象为森林生态系统、野生动植物资源和水源涵养地。加强五莲山野生杜鹃花（*Rhododendron simsii*）及其生境的保护，尤其应加强对其上层赤松栎林群落的保护。

2. 鲁中南山地丘陵区

本区位于山东省中南部，东以潍河、沭河与鲁东丘陵区为界，西部大致以200m等高线与鲁西北平原相接，北部以黄河为界，范围涉及济南、淄博、枣庄、潍坊、济宁、泰安、莱芜、临沂等8市的51个县（市、区）。地貌类型以丘陵为主，海拔高度多在500m左右，泰山、鲁山、沂山和蒙山等海拔1000m以上的中山构成了鲁中南山地的山脊。植被类型以落叶类阔叶林为主，主要树种为栎类、杨、柳、榆、槐等种类，针叶林代表性树种为油松和侧柏，森林覆盖率为17%。区内已建立自然保护区27个，面积15.69万hm^2；森林公园139个，面积19.22万hm^2；风景名胜区24个，面积13.16万hm^2；湿地公园50个，面积7.0万hm^2。本区划分了泰山、鲁山、沂山、蒙山和抱犊崮等5个生物多样性保护优先区域。

（1）泰山生物多样性保护优先区域

本区位于鲁中南山地丘陵区北部，范围涉及泰山、历城、章丘、长清和莱城等5个市（区），面积34.9万hm^2。分布有泰山、徂徕山、卧龙峪、灵岩山、红叶谷、蟠龙山、朱家峪、胡山等中低山，泰山主峰玉皇顶海拔高度1532.7m。卧虎山水库、锦绣川水库、雪野水库、黄前水库、小安门水库、公家庄水库、彩山水库、崅峪水库等水体分布其中。区内已建立泰山、徂徕山和长清寒武纪地质遗迹等3个省级自然保护区和柳埠市级自然保护区，总面积2.65万hm^2；药乡、柳埠、泰山和徂徕山等4个国家森林公园和蟠龙山、胡山、五峰山、大峰山、卧龙峪等5个省级森林公园，总面积2.7万hm^2；泰山赤鳞鱼国家级水产种质资源保护区，面积2160hm^2；泰山国家级风景名胜区、千佛山省级风景名胜区和龙洞省级风景名胜区等3个风景名胜区；泰山国家地质公园、长清张夏崮山省级地质公园、泰安徂徕山省级地质公园和泰安长城岭省级地质公园以及济南南部山区水源保护地。

本区拥有植物群系70种。维管束植物1593种，包括蕨类植物68种，裸子植物47种，被子植物1478种。维管束植物中有濒危植物47种，国家级重点保护植物15种，省级重点保护植物38种。野生脊椎动物388种，包括淡水鱼类49种，两栖类9种，爬行类17种，哺乳类38种，鸟类275种。野生脊椎动物中有濒危动物38种，国家级重点保护动物38种，省级重点保护动物50种。

本区泰山为五岳之首，是暖温带落叶阔叶林区域的典型代表之一，生物多样性比较丰富，是多种生物模式标本的原产地。徂徕山是大汶河的重要水源发源地，分布着大面积华北地区特有的油松林和暖温带落叶阔叶林的典型代表——栎类，森林生态系统典型。济南南部山区具有涵养水源、保持水土等多种生态功能。重点保护对象为森林生态系统、水源涵养地与饮用水源地。加强杉松（*Abies holophylla*）、矮鸢尾、牡丹、土元胡（*Corydalis humosa*）、胡桃、泰山岩蕨（*Woodsia taishanensis*）、泰山鳞毛蕨（*Dryopteris taishanensis*）、小白额雁（*Anser erythropus*）、泰山赤鳞鱼等特有珍稀物种种群及其生境的保护。

（2）鲁山生物多样性保护优先区域

本区位于鲁中南山地丘陵区的中北部，范围涉及博山、临朐、淄川、青州、沂源、莱城等6个县（市、区），面积50.6万hm^2。分布有鲁山、原山、仰天山、五阳山、云明山、石门坊、凤凰山等中低山500余座，海拔高度多在500m以上，鲁山主峰海拔1108.3m，为山东省第四高峰，素有“小泰山”之称。萌山水库、田庄水库、乔店水库、嵩山水库、石马水库、太河水库、大冶水库等水体分布其中。区内已建立鲁山、原山、青州仰天山等3个省级自然保护区，总面积 3.0 万 hm^2；原山、鲁山、峨庄、仰天山等 4 个国家森林公园和汞山、驼山等 2 个省级森林公园，总面积 1.58 万 hm^2；另有博山、青州和马踏湖等 3 个风景名胜区。

区内拥有植物群系 53 种。维管束植物 885 种，包括蕨类植物 27 种，裸子植物 5 种，被子植物 853 种。维管束植物中有濒危植物 13 种，国家二级重点保护植物 3 种，省级重点保护植物 27 种。野生脊椎动物 405 种，包括淡水鱼类 64 种，两栖类 8 种，爬行类 15 种，哺乳类 41 种，鸟类 280 种。野生脊椎动物中有濒危动物 39 种，国家级重点保护动物 43 种，省级重点保护动物 50 种。

本区拥有以油松林、栎类、侧柏等为主的典型森林植被，天然次生杂木林集中了同纬度地区绝大多数植物类型，是鲁中山区天然次生杂木林的典型代表，森林生态系统完整，生物多样性丰富。保护重点包括森林生态系统，华北地区特有的油松林和暖温带阔叶林、侧柏和栎类，珍稀濒危物种及饮用水源地等。

（3）沂山生物多样性保护优先区域

本区位于鲁中南山地丘陵区东北部，范围涉及临朐、沂源、沂水和蒙阴等 4 个县，面积 67.1 万 hm^2。分布有沂山、老猫窝顶、松树崮、太平山等海拔 700m 以上的山峰 30 余个，沂山主峰玉皇顶海拔高度 1031m。另有跋山水库、冶源水库、牟山水库、沂山水库、高崖水库、沙沟水库、于家河水库、尚庄水库、丹河水库、北店子水库等水体。区内已建立了沂山国家森林公园、嵩山省级森林公园和织女洞省级森林公园等 3 个森林公园，总面积 8765.8hm^2；临朐老龙湾省级风景名胜区；沂蒙山、沂源和沂水龙岗等 3 个地质公园；沂水沂河饮用水源地县级自然保护区；以及沂河、云蒙湖、跋山水库和青峰岭等 4 个水源保护地。

本区拥有植物群系 54 种。维管束植物 815 种，包括蕨类植物 48 种，裸子植物 2 种，被子植物 765 种。维管束植物中有濒危植物 7 种，国家二级重点保护植物 2 种，省级重点保护植物 28 种。野生脊椎动物 363 种，包括淡水鱼类 62 种，两栖类 8 种，爬行类 13 种，哺乳类 35 种，鸟类 245 种。野生脊椎动物中有濒危动物 31 种，国家级重点保护动物 31 种，省级重点保护动物 46 种。

本区主要保护对象为森林生态系统、饮用水源地与野生动植物资源。特别是黄芪、元宝槭（*Acer truncatum*）、中华结缕草、野大豆、蒙山粉背蕨（*Aleuritopteris mengshanensis*）、烟台翠雀花、华北耧斗菜（*Aquilegia yabeana*）等珍稀植物种群。

（4）蒙山生物多样性保护优先区域

本区位于鲁中南山地丘陵区西南部，范围涉及蒙阴、平邑、费县和新泰等 4 个县（市），面积 17.2 万 hm^2。分布有蒙山、太平山、望海楼、马蹄山、孟良崮、大青山等山峰，海拔高度多在 500～800m 之间，蒙山海拔高度 1150m，岸堤水库、许家崖水库、上冶水库、石岚水库、黄仁水库、张庄水库、高湖水库、黄土山水库、古城水库等中小型水库分布其中。区内已建立费县大青山和新泰太平山等 2 个省级自然保护区，总面积 7733.3hm^2；蒙山国家森林公园、中山寺省级森林公园、许家崖省级森林公园和塔山省级森林公园等 4 个森林公园，总面积 8197.8hm^2；以及蒙山平邑龟蒙省级风景名胜区。

本区拥有植物群系 58 种。维管束植物 956 种，包括蕨类植物 63 种，裸子植物 5 种，被子植物 888 种。维管束植物中有濒危植物

21 种，国家级重点保护植物 8 种，省级重点保护植物 30 种。野生脊椎动物 346 种，包括淡水鱼类 34 种，两栖类 8 种，爬行类 15 种，哺乳类 36 种，鸟类 253 种。野生脊椎动物中有濒危动物 31 种，国家级重点保护动物 34 种，省级重点保护动物 47 种。

本区森林生态系统结构稳定，生物多样性较为丰富，尤其是药用植物物种多样。重点保护对象为森林生态系统、野生动物、野生中药材、濒危物种等。加强对泰山韭、鹅掌楸、黄芪、黄檗、中华结缕草、蒙山粉背蕨、山东鳞毛蕨（*Dryopteris shandongensis*）、大叶榉、野大豆、平车前（*Plantago depressa*）、桔梗、细叶沙参（*Adenophora paniculata*）等濒危植物及中药材的保护，加强对珍稀鸟类和小型兽类种群与栖息地的保护。

（5）抱犊崮生物多样性保护优先区域

本区位于鲁中南山地丘陵区东南部，范围涉及山亭、兰陵、平邑、费县和邹城等 5 个县（市、区），面积 44.0 万 hm^2。分布有抱犊崮、轱辘崮、龟山、长山、楼山、熊耳山、峄山等山峰，海拔高度多在 500m 以下，抱犊崮海拔 580m，为鲁南第一高峰。会宝岭水库、周村水库、龙王口水库、昌里水库、游泉水库、洼陡水库、岩马水库、西苇水库、龙湾套水库、米山水库、贺庄水库等 17 座水库分布其中。区内已建立枣庄抱犊崮、峄山、十八盘、苍山抱犊崮、文峰山和会宝岭水库等 6 个自然保护区，总面积 1.55 万 hm^2；抱犊崮国家森林公园和峄山省级森林公园等 2 个森林公园，总面积 2803.2hm^2；抱犊崮省级风景名胜区、峄山省级风景名胜区和峄山省级地质公园。

本区内拥有植物群系 35 种。维管束植物 580 种，包括蕨类植物

13种，裸子植物6种，被子植物561种。维管束植物中有濒危植物18种，国家级重点保护植物4种，省级重点保护植物18种。野生脊椎动物117种，包括淡水鱼类22种，两栖类7种，爬行类12种，哺乳类15种，鸟类61种。野生脊椎动物中有濒危动物17种，国家级重点保护动物9种，省级重点保护动物27种。

本区以刺槐林和赤松林为典型地带性植被，发育着丰富的珍稀动植物资源。重点保护对象为森林生态系统、珍稀动植物、野生中药材及水源涵养地。加强对短尾信天翁、中华秋沙鸭、白额雁、苍鹰（*Accipiter gentilis schvedowi*）、红隼（*Falco tinnunculus interstinctus*）等珍稀鸟类和赤狐（*Vulpes vulpes tschiliensis*）、黄鼬（*Mustela sibirica fontanieri*）、狗獾（*Meles meles leptorhynchus*）等兽类的保护。

3. 鲁西北平原区

本区位于鲁西北平原，范围涉及济南、淄博、潍坊、东营、滨州、德州、聊城、菏泽、济宁等9市的55个县（市、区）。区域地势平坦，海拔多在50m以下，分布有山东省两大淡水湖泊湿地——南四湖和东平湖，以及我国暖温带最大的湿地——黄河三角洲。区内已建立自然保护区12个，面积37.5万hm^2；森林公园26个，面积8.42万hm^2；风景名胜区4个，面积1.37万hm^2；湿地公园17个，面积1.52万hm^2；地质公园1个；水源保护地3个。本区划分了黄河三角洲、南四湖和东平湖等3个生物多样性保护优先区域。

(1) 黄河三角洲生物多样性保护优先区域

本区位于黄河入海口，北临渤海，东靠莱洲湾，范围涉及河口、利津、垦利和无棣等4个县（区），面积41.9万hm^2。黄河三角洲是世界上土地增长最快，是暖温带保存最完整、最广阔、最年轻的湿地生态系统，是我国面积最大的野大豆分布区，也是东北亚内陆和环太平洋鸟类迁徙的重要停歇地和越冬地，是国际重要的鸟类栖息地、繁殖地和中转站，是中国乃至世界上重要的鸟类保护基地。区内已建立黄河三角洲和滨州贝壳堤岛与湿地等 2 个国家级自然保护区，总面积 19.65 万 hm^2，以及东营黄河三角洲国家地质公园和黄河岛国家湿地公园。

本区拥有植物群系 24 种。维管束植物 205 种，包括蕨类植物 2 种，裸子植物 2 种，被子植物 201 种。维管束植物中有国家级重点保护植物 1 种，省级重点保护植物 5 种。野生脊椎动物 486 种，包括鱼类 164 种，两栖类 6 种，爬行类 8 种，哺乳类 20 种，鸟类 288 种。野生脊椎动物中有濒危动物 52 种，国家级重点保护动物 66 种，省级重点保护动物 49 种。

本区重点保护对象为黄河口湿地生态系统。重点保护棱皮龟（*Dermochelys coriacea*）、达氏鲟（*Acipenser dabryanus*）、鳇（*Huso dauricus*）、松江鲈（*Trachidermus fasciatus*）等珍稀水生动物种群，白鹤（*Grus leucogeranus*）、东方白鹳（*Ciconia boyciana*）、丹顶鹤（*Grus japonensis*）、白尾海雕（*Haliaeetus albicilla albicilla*）、白头鹤（*Grus monacha*）、遗鸥（*Larus relictus*）等水禽，以及野大豆（*Glycine soja*）种群及其生境。

（2）南四湖生物多样性保护优先区域

本区位于微山县境内，范围包括南阳、独山、昭阳和微山等4 个相互联贯的湖泊与部分陆地，面积 13.5 万 hm^2。南四湖呈西北—东南走向，南北长 126km，东西宽 5～25km，水域面积 12.7 万 hm^2。区内已建立南四湖省级自然保护区、南四湖乌鳢青虾国家级水产种质资源保护区和微山湖国家湿地公园。

本区拥有植物群系38种。维管束植物492种，包括蕨类植物13种，裸子植物2种，被子植物477种。维管束植物中有濒危植物2种，国家级重点保护植物7种，省级重点保护植物14种。野生脊椎动物312种，包括淡水鱼类62种，两栖类6种，爬行类10种，哺乳类15种，鸟类219种。野生脊椎动物中有濒危动物28种，国家级重点保护动物26种，省级重点保护动物41种。

本区是我国淮河以北地区面积最大、结构完整、保存较好的内陆大型淡水草型湖泊，是鸟类重要的栖息地和迁移驿站，是南水北调东线工程的重要调水区。区内湿地生态系统典型，生物多样性丰富，自然景观独特。主要保护对象为湖泊湿地生态系统和珍稀濒危鸟类。重点保护绿翅鸭（*Anas crecca crecca*）、绿头鸭（*Anas platyrhynchos platyrhynchos*）、白眉鸭（*Anas querquedula*）、针尾鸭、赤麻鸭（*Tadorna ferruginea*）、花脸鸭（*Anas formosa*）、豆雁（*Anser fabalis*）、红头潜鸭（*Aythya ferina*）、琵嘴鸭（*Anas clypeata*）、斑嘴鸭（*Anas poecilorhyncha zonorhyncha*）和普通秋沙鸭（*Mergus merganser merganser*）等雁鸭类种群为主体的迁徙鸟类，以及莼菜（*Brasenia schreberi*）、水蕨（*Ceratopteris thalictroides*）、粗梗水蕨（*Ceratopteris pterioides*）、乌龟、中华青鳉、鳖等珍稀水生动植物种群。

（3）东平湖生物多样性保护优先区域

本区位于东平县境内，由东平湖及周边山区组成，面积3.02万hm^2。东平湖南北长23km，东西宽18.5km，水域面积1.4万hm^2，水深1～2m，是山东省第二大淡水湖泊，也是我国东部地区典型的浅水型湖泊，是山东省重要的淡水渔业基地和水禽栖息地。区内已建立东平湖和腊山等 2 个市级自然保护区，总面积 2.87 万 hm^2；东平湖国家级水产种质资源保护区，面积 $300hm^2$。

本区拥有植物群系 48 种。维管束植物 644 种，包括蕨类植物 14 种，裸子植物 5 种，被子植物 625 种。维管束植物中有濒危植物 11 种，国家级重点保护植物 6 种，省级重点保护植物 17 种。野生脊椎动物 416 种，包括淡水鱼类 57 种，两栖类 9 种，爬行类 17 种，哺乳类 36 种，鸟类 297 种。野生脊椎动物中有濒危动物 43 种，国家级重点保护动物 41 种，省级重点保护动物 55 种。

本区湿地生态系统典型，生物多样性丰富，自然景观独特。主要保护对象包括湖泊湿地生态系统和森林生态系统。加强对达氏鲟、须拟鱊、须鱊（*Acheilognathus barbatus*）、巨口鱊（*Acanthorhodeus tabiro*）、多鳞鱊（*Acanthorhodeus polylepis*）、短须颌须鮈（*Gnathopogon imberbis*）等淡水鱼类资源的保护，加强对天鹅（Cygnus）、灰鹤（*Grus grus lilfordi*）、鹭类（Ardeidae）等越冬水禽种群及其栖息地的保护。

三、海洋与海岸带生物多样性保护优先区域划分方案

《中国生物多样性保护战略与行动计划（2011～2030 年）》将全国海洋与海岸带划分为黄渤海保护区域、东海及台湾海峡保护区域和南海保护区域等 3 个生物多样性的优先保护区域，并将山东沾化、刁口湾、胶州湾、灵山湾、五垒岛湾、靖海湾、乳山湾、烟台金山港、蓬莱—龙口滨海湿地、山东主要入海河口及其邻近海域、潍坊莱州湾、烟台套子湾、荣成桑沟湾、莱州刁龙咀沙堤及三山岛等区域确定为保护重点。

海洋与海岸带生物多样性保护优先区域是物种多样性丰富、重点保护物种分布集中的海域以及重要生态功能区。山东省海洋与海岸带生物多样性保护优先区域的划分方法采用叠加分析法。首先，选择具有重要生态功能的海洋区域。海洋生物多样性保护优先区域应分布在具有重要生态功能的海洋区域。《山东省海洋功能区划》将全省沿海海域划分为渔业资源利用区、海洋保护区、旅游娱乐区、港口航运区、特殊利用区、矿产与能源利用区、工业与城镇建设区和保留区等 8 类功能区（见图 4-5）。显然，生物多样性保护优先区域应在渔业资源利用区、海洋保护区和旅游娱乐区等具有重要生态功能的海域中划定。第二，确定生物多样性丰富区域与重要生态功能区的空间分布。沿海自然保护区、海洋特别保护区和水产种质资源保护区是物种多样性丰富和重点保护物种分布集中的区域，也是重要生态功能区。山东省近岸海域分布有 19 个沿海自然保护区、27 个海洋特别保护区和 25 个水产种质资源保护区。编制山东省沿海自然保护区、海洋特别保护区和水产种质资源保护区分布图（见图 4-6 至图 4-8）。第三，确定生物多样性保护优先区域划分方案。应用 GIS 技术，将沿海自然保护区、海洋特别保护区和水产种质资源保护区与《山东省海洋功能区划》确定的渔业资源利用区、海洋保护区和旅游娱乐区进行叠加分析，选择较多重合的区域作为生物多样性保护优先区域。

根据山东省海岸带自然资源与环境状况，结合主要保护对象分布情况，将山东省沿海划分为 8 个自然地理区域和 15 个生物多样性保护优先区域。结合沿海自然保护区、海洋特别保护区和水产种质资源保护区分布范围与面积，确定生物多样性保护优先区域的范围和面积。山东省海洋与海岸带生物多样性保护优先区域划分方案见表 4-2 和图 4-9。

表 4-2　山东省海洋与海岸带生物多样性保护优先区域划分方案

序号	生物多样性保护优先区域	地理分区	涉及县域	面积（万 hm^2）
1	无棣滨海湿地	黄河口及毗邻海域	无棣县	7.38
2	刁口湾及附近海域		沾化县、河口区	21.30
3	东营黄河口滨海湿地		垦利县、东营区、广饶县	30.20
4	莱州刁龙咀沙堤及三山岛	莱州湾海域	莱州市	2.77
5	庙岛群岛海域	庙岛群岛附近海域	蓬莱市、长岛县	29.20
6	依岛周边海域		龙口市	1.96
7	芝罘岛及周边海域	烟台市区邻近海域	福山区、芝罘区、莱山区	2.14
8	刘公岛及周边海域	威海湾与成山头附近海域	环翠区	10.60
9	成山头附近海域		荣成市	6.44
10	桑沟湾海域	山东半岛东南海域	荣成市	2.27
11	靖海湾海域		荣成市、文登区	0.74
12	丁字湾海域		海阳市、即墨市、莱阳市	24.10
13	灵山湾及周边海域	胶州湾及邻近海域	黄岛区	38.70
14	前三岛周边海域	日照市毗邻海域	岚山区、东港区	16.00
15	傅疃河口周边海域		东港区	0.51

四、海洋与海岸带生物多样性保护优先区域介绍

1. 黄河口及毗邻海域

(1) 区域概况

本区包括自鲁冀省界漳卫新河河口至东营与潍坊边界处海域，海岸线长 501km，涉及滨州与东营 2 市。已建立国家级生态海洋特别保护区 5 个（面积 16.9 万 hm^2），国家级水产种质资源保护区 5 个（面积 2.86 万 hm^2），省级水产种质资源保护区 2 个，国家级自然保护区 2 个，以及东营黄河三角洲国家地质公园和黄河岛国家湿地公园。本区划分了无棣滨海湿地、刁口湾及附近海域和东营黄河口滨海湿地等 3 个生物多样性保护优先区域。

(2) 生物多样性保护优先区域

无棣滨海湿地生物多样性保护优先区域：本区位于无棣北部海域，其范围北起漳卫新河河口，南至马颊河河口，海域面积约 7.38 万 hm^2，海洋功能区划为海洋保护区。已建立马颊河文蛤水产种质资源保护区、无棣中国毛虾水产种质资源保护区和滨州贝壳堤岛与湿地国家级自然保护区。

刁口湾及附近海域生物多样性保护优先区域：本区位于滨州与东营交界处附近海域，其范围西起无棣与沾化交界处，东至河口区桩西北部，涉及沾化与河口等 2 县（区），海域面积约 21.3 万 hm^2，海洋功能区划以农渔业区和海洋保护区为主。已建立东营利津底栖鱼类、东营黄河口浅海贝类 2 个国家级生态海洋特别保护区和黄河

口半滑舌鳎水产种质资源保护区。

东营黄河口滨海湿地生物多样性保护优先区域：本区位于垦利县黄河入海口周边海域，其范围北起河口区与垦利县交界处，南至东营与潍坊交界小清河入海口，涉及垦利与广饶等2县，海域面积约30.2万hm^2，海洋功能区划主要为海洋保护区。已建有东营黄河口、东营莱州湾蛏类和东营广饶沙蚕类等3个国家级生态海洋特别保护区，广饶海域竹蛏和黄河口文蛤等2个国家级水产种质资源保护区，以及黄河三角洲国家级自然保护区。

（3）保护重点

本区主要保护对象为湿地生态系统和海洋生物资源。重点保护滨州贝壳堤岛与湿地系统、滨州沾化滨海湿地以及黄河口滨海湿地生态系统，灰鹤、天鹅、水鸭子等50余种鸟类资源，以及文蛤、青蛤、毛蚶、菲律宾蛤仔、小刀蛏、竹蛏、牡蛎、缢蛏、兰蛤等浅海贝类和半滑舌鳎、中国毛虾等海洋水产资源。

2. 莱州湾海域

（1）区域概况

本区位于东营与潍坊交界处至龙口屺姆岛海域，海岸线长359km。区内大部分海域水深在10m以内，分布有三山岛、石虎咀、刁龙咀、海庙后、虎头崖、太平湾等自然港湾。莱州湾蟹、蛤、毛虾等生物资源丰富，是渤海渔业生物资源的主要产卵场、栖息地和传统渔场。已建立自然保护区1个，面积1.40万hm^2；海洋特别保护区3个，面积1.06万hm^2；水产种质资源保护区9个。莱州刁龙咀沙堤及三山岛生物多样性保护优先区域为本区唯一的生物多样性保护优先区域。

（2）生物多样性保护优先区域

莱州刁龙咀沙堤及三山岛生物多样性保护优先区域：位于莱州湾东部，南起莱州苏郭河入海口，北至莱州三山岛村王河入海口，海域面积约 2.77 万 hm^2，海洋功能区划以农渔业区和海洋保护区为主。已建有山东莱州浅滩海洋生态国家级海洋特别保护区，莱州梭子蟹、莱州湾鲈鱼和莱州市三山岛渔业等 3 个省级种质资源保护区。

（3）保护重点

本区主要保护对象为滨海湿地生态系统、芙蓉岛岛屿生态系统和海洋生态系统。主要保护资源包括沙蚕、单环刺螠、三疣梭子蟹、近江牡蛎、半滑舌鳎、虾蛄、鲈鱼、真鲷、文昌鱼、中国对虾和口虾蛄等。

3. 庙岛群岛附近海域

（1）区域概况

本区范围从龙口屺姆岛至蓬莱与福山交界处，主要包括庙岛群岛和蓬莱毗邻海域，海岸线长 135km，是我国刺参、盘鲍、栉孔扇贝、紫海胆、魁蚶等海珍品的主要产地，分布有鸟类 247 种。区内已建有自然保护区 4 个（面积 17.9 万 hm^2），海洋特别保护区 3 个（面积 4992hm^2），国家级水产种质资源保护区 3 个（面积 9284hm^2），以及长岛长山尾地质遗迹省级海洋特别保护区。本区划分了庙岛群岛海域和依岛周边海域 2 个生物多样性保护优先区域。

（2）生物多样性保护优先区域

庙岛群岛海域生物多样性保护优先区域：位于渤海与黄海交汇处，海域面积约 29.2 万 hm^2，范围涉及长岛县和蓬莱市，海洋功能区划以农渔业区、海洋保护区和旅游娱乐区为主。区内已建有蓬莱登州浅滩海洋特别保护区、山东长岛国家级海洋公园和长岛长山尾地质遗迹海洋特别保护区，总面积 $3120hm^2$，以及长岛皱纹盘鲍光棘球海胆水产种质资源保护区、蓬莱牙鲆黄盖鲽水产资源保护区和长岛许氏平鲉水产资源保护区，总面积 $9284hm^2$。

依岛周边海域生物多样性保护优先区域：范围西起龙口泳汶河口，东至龙口小河口村北部海域，海域面积约 1.96 万 hm^2。海洋功能区划主要为农渔业区、海洋保护区和旅游娱乐区。区内已建有依岛省级自然保护区和黄水河河口湿地省级自然保护区，总面积 $1113.4hm^2$。

（3）保护重点

本区保护重点包括山东长岛国家级自然保护区的湿地生态系统和庙岛群岛海洋自然保护区的暖温带海岛生态系统。重要保护资源包括斑海豹、鸟类、腹蛇、刺参、皱纹盘鲍、光棘球海胆、褐牙鲆、紫石房蛤、栉孔扇贝、魁蚶、许氏平鲉、六线鱼和中国对虾等。

4. 烟台市区邻近海域

（1）区域概况

本区域范围涉及福山、芝罘、莱山、牟平和开发区等 5 个区的毗邻海域，海岸线长 182km。分布有套子湾、芝罘湾和四十里湾等 3 个较大的海湾，15m 等深线以内海域面积 1130km²。主要海洋功能区划包括烟台港、牟平港及烟台深水港预留区，金沙滩、养马岛省级旅游度假区，芝罘岛、崆峒岛等景区，套子湾和四十里湾渔业养殖区。区内已建有自然保护区 1 个（面积 7690hm²），海洋特别保护区 4 个（面积 3124hm²），国家级水产种质资源保护区 1 个（面积 6841hm²），省级水产种质资源保护区 4 个。芝罘岛及周边海域为本区唯一生物多样性保护优先区域。

（2）芝罘岛及周边海域生物多样性保护优先区域

本区西起套子湾黄金河入海口，东至辛安河入海口，海域范围涉及套子湾东部和南部海域，芝罘岛群、芝罘湾、崆峒岛岛群及周边海域，隶属福山、芝罘和莱山 3 区，海域面积约 2.14 万 hm²，海洋功能区划主要为海洋保护区和旅游娱乐区。区内已建有烟台芝罘岛群、烟台山和烟台逛荡河口等 3 个国家级海洋特别保护区（总面积 1659hm²），崆峒列岛刺参国家级水产种质资源保护区（面积 6841hm²），崆峒列岛省级自然保护区（面积 7690hm²），以及烟台市套子湾黄盖鲽、烟台地理星岛刺参、崆峒列岛水生生物和担子岛紫石房蛤等 4 个省级水产种质资源保护区。

（3）保护重点

本区保护重点为岛屿生态系统和海洋生态系统。重要保护资源包括刺参、皱纹盘鲍、黄盖鲽等海洋渔业资源。

5. 威海湾与成山头附近海域

（1）区域概况

本区范围从烟威边界至荣成天鹅湖南的东流口，包括威海市区及荣成市北部海域，海岸线长 269km。分布有刘公岛、威海湾、荣成湾、养鱼池湾、月湖等。区内已建有 3 个国家级海洋特别保护区（面积 8085hm^2），4 个国家级水产种质资源保护区（面积 5492hm^2），3 个省级水产种质资源保护区，2 个自然保护区（面积 8041hm^2）。本区划分了刘公岛及周边海域和成山头附近海域 2 个生物多样性保护优先区域。

（2）生物多样性保护优先区域

刘公岛及周边海域生物多样性保护优先区域：本区西起烟威交界，东至环翠区城子村北部海域，包括刘公岛周边海域，海域面积约 10.6 万 hm^2。海洋功能区划以农渔业区为主，兼有旅游娱乐、海洋保护和港口航运等功能。建有威海刘公岛、威海小石岛 2 个海洋特别保护区和刘公岛海洋公园，小石岛刺参和靖子湾 2 个国家级水产种质资源保护区，以及威海市北海石蝶和威海刘公岛浅海藻类 2 个省级水产种质资源保护区。

成山头附近海域生物多样性保护优先区域：本区西起环翠区五渚河入海口，绕成山头至荣成市马头山海域，海域面积约 6.44 万 hm^2。海域功能主要为农渔业区、海洋保护区和旅游娱乐区。建有成山头省级自然保护区、荣成大天鹅国家级自然保护区和月湖长蛸国家级水产种质资源保护区。

(3) 保护重点

本区保护重点是岛屿生态系统、海洋生态系统和泻湖生态系统。重要保护资源包括天鹅及其他鸟类、松江鲈鱼、刺参、栉孔扇贝、紫海胆、长蛸等。

6. 山东半岛东南海域

(1) 区域概况

本区位于山东半岛南部海域，范围从荣成天鹅湖南的东流口至丁字湾中心的青岛烟台海域分界线，海岸线长 946km，涉及荣成、文登、乳山、海阳与莱阳等 5 市（区）海域。区内已建有 5 个国家级海洋特别保护区（面积 9138hm^2），5 个国家级水产种质资源保护区（面积 4333hm^2），1 个省级自然保护区（面积 1823hm^2）。本区划分了桑沟湾海域、靖海湾海域和丁字湾海域 3 个生物多样性保护优先区域。

(2) 生物多样性保护优先区域

桑沟湾海域生物多样性保护优先区域：位于山东半岛最东端，是山东省最开阔的海湾，海湾北岬为青鱼滩岩岬，南角为诸岛等连岛沙坝，湾顶有湾顶沙坝，坝内为泻湖。桑沟湾为山东增养殖业的重点海湾，海域面积约 2.27 万 hm^2，主要海洋功能区划为农渔业区。区内已建有桑沟湾和荣成楮岛藻类等 2 个国家级水产种质资源保护区。

靖海湾海域生物多样性保护优先区域：位于荣成与文登交界处海域，是全国重要的海参养殖基地。海洋功能区划主要为农渔业区，海域面积约0.74万hm^2。已建有靖海湾松江鲈鱼水产种质资源保护区和文登海洋生态海洋特别保护区。

丁字湾海域生物多样性保护优先区域：范围由西南至东南，环以即墨、莱阳、海阳3市的陆境，南部自即墨市的栲栳头到海阳市的坨南嘴，莱阳市的五龙河、即墨市的店集河、莲阴河和海阳市的白沙河流入湾内，海域面积约24.1万hm^2。海洋功能区划主要为旅游娱乐区，已建有莱阳五龙河口滨海湿地国家级海洋特别保护区。

（3）保护重点

本区保护重点是千里岩岛、苏山岛岛群、镆鋣岛岛群、海驴石岛、大黑石岛和丁字湾岛群岛屿生态系统和海洋生态系统。重要保护资源包括泥蚶、松江鲈鱼、魁蚶、鼠尾藻、大叶藻、石花菜、马尾藻、西施舌、鸟类等。

7. 胶州湾及邻近海域

（1）区域概况

本区域以胶州湾为主体，向北、向南延伸，海岸线长785km。区内有海湾49个，较大的有胶州湾、琅琊湾、鳌山湾、灵山湾、崂山湾、丁字湾等。海岛69个，面积最大的红岛已经陆连为半岛，灵山岛是我国北方海拔最高的海岛。以灵山岛、田横岛、竹岔岛为中心的系列岛群是多种经济海洋生物的栖息、繁衍场所，是贝、虾、鱼增养殖的重要海域。区内已建有青岛胶州湾国家级海洋特别保护区（面积3621hm^2），灵山岛皱纹盘鲍刺参国家级水产种质资源保护区（面积2500hm^2），青岛大公岛岛屿、灵山岛和青岛文昌鱼等3个自然保护区（总面积1.11万hm^2）。灵山湾及周边海域为本区生物多样性保护优先区域。

（2）灵山湾及周边海域生物多样性保护优先区域

本区位于黄岛区东部，北起胶州湾口，南至团山海域，内有唐岛湾、胡岛湾、鱼池湾等海湾，海域面积约 38.7 万 hm^2。海洋功能区划为旅游娱乐区，近海为农渔业区。区内已建有灵山岛省级自然保护区、青岛文昌鱼水生野生动物市级自然保护区及灵山岛皱纹盘鲍刺参国家级水产种质资源保护区。

（3）保护重点

本区重点保护滨海湿地生态系统、岛屿生态系统及海洋生态系统。重要保护资源包括文昌鱼、皱纹盘鲍、刺参、黄岛长吻虫、多鳃孔舌形虫、三崎柱头虫等珍稀海洋生物。

8. 日照市毗邻海域

（1）区域概况

本区海岸线长 167km。已建有海洋特别保护区 2 个（面积 3.16 万 hm^2），国家级水产种质资源保护区 3 个（面积为 6969hm^2），省级水产种质资源保护区 5 个，自然保护区 1 个（面积 4.12 万 hm^2）。本区划分了前三岛周边海域和傅疃河口周边海域 2 个生物多样性保护优先区域。

（2）生物多样性保护优先区域

前三岛周边海域生物多样性保护优先区域：位于海州湾内，属岚山区沿岸海域，面积约 16.0 万 hm^2。主要海洋功能为农渔业区和海洋保护区。已建有前三岛海域、日照中国对虾等2个国家级水产种质资源保护区和日照市前三岛海洋市级自然保护区。

傅疃河口周边海域生物多样性保护优先区域：位于日照东港区海域，南起东港区与岚山区交界，北至日照滨海路与临沂南路交界口东部海域，海域面积约0.51万hm^2，海洋功能区划主要为农渔业区，部分海域为旅游娱乐区和海洋保护区。已建有日照大竹蛏—西施舌生态系统省级海洋特别保护区和日照海域西施舌、海州湾大竹蛏2个国家级水产种质资源保护区。

（3）保护重点

本区重点保护河口湿地生态系统、岛屿生态系统和海洋生态系统。重要保护资源包括文昌鱼、大竹蛏、西施舌、金乌贼、真鲷、对虾、栉江珧、东方鲀等。

第五部分　生物多样性保护优先领域与行动

优先领域一　完善生物多样性保护与可持续利用的政策与法律体系

行动1　完善山东省生物多样性保护与可持续利用的法律体系

(1) 行动内容

①全面梳理山东省现有法律、法规中有关生物多样性保护的内容，调整不同法律法规之间冲突和不一致的内容，提高法律法规的系统性和协调性。

②研究制定物种及遗传资源获取与惠益分享办法、自然保护区管理、湿地保护、生物多样性影响评估、野生植物保护和城市绿化条例。

③研究制定外来入侵物种和农业转基因等生物安全管理条例，明确事故消除措施和赔偿责任。

④加强有关生物多样性法律法规的执法体系建设，配套实施细

则和政策措施，制定公众参与的生物多样性保护执法监督机制，形成较为完善的政策法规保障体系。

（2）行动目标

逐步建立较为完善的生物多样性保护和可持续利用的法律法规体系，通过依法管理、强化执法、加强监管，使全省生物多样性保护与可持续利用走上法制化轨道。

（3）优先项目

研究制定山东省生物多样性保护相关政策与法律法规。

内容：山东省生物多样性保护相关政策与法律法规尚不完善，而且不少法律制度的内容交叉重叠，甚至相互冲突。这既浪费了有限的立法资源，又导致法律之间相互冲突，不仅增加了修订工作的难度，也给执法工作造成困难。通过生物多样性保护法规建设，完善山东省生物多样性保护与可持续利用的法律体系。具体包括完善生物多样性保护法律体系，加快环保部门规章制定步伐，积极参与其他领域立法，开展生物多样性保护立法后评估和探索生物多样性保护司法保障机制。

行动 2　完善山东省生态补偿政策

（1）行动内容

①完善生态补偿政策，扩大政策覆盖范围。

②研究制定生物多样性保护激励措施（政策、资金、技术等），跟踪研究生态补偿政策实施情况，确保当地居民得到合理的生态补偿。

③开展试点示范，建立和评估生态补偿与激励措施的合理运作模式，鼓励利益相关者积极参与生物多样性保护。

(2) 行动目标

建立有效促进生物多样性保护的生态补偿机制与制度，基于试点示范，使生态补偿成为省级和地方政府决策与行动的常规考虑内容，促进形成并完善省级生态补偿政策。

(3) 优先项目

①完善山东省生态补偿政策。

内容：构建因地制宜的生态补偿模式，丰富生态环境价值评估方法，规范环境保护成本与收益评估，积极发展公平、公正的生态补偿方式，加大科技服务等智力补偿力度。

②制定山东省生物多样性保护激励措施。

内容：建立生物多样性资源产权制度，运用市场手段，对保护性的生物多样性资源利用方式提供诸如补贴、费用分担等激励，对导致生物多样性下降的利用方式进行惩罚。

优先领域二　将生物多样性保护纳入相关部门规划

行动3　将生物多样性保护纳入部门和区域规划

(1) 行动内容

①开展山东省重点流域生态健康评估，为各部门制定发展规划提供科学依据。

②在土地利用规划编制和实施，土地整理复垦开发和土地整治项目设计等工作中，充分考虑生物多样性保护的要求，保护当地物种和生态系统。

③在城乡建设中体现生物多样性保护与生物资源可持续利用内容，研究编制城市生物多样性保护规划，在城市绿地系统规划建设中体现生物多样性要素。

④将生物多样性保护纳入山东省经济社会发展规划，研究制定将生物多样性保护纳入经济社会发展规划的指南。

⑤制定莱州湾、胶州湾等典型海域的生物多样性保护战略与行动计划。

（2）行动目标

全面促进山东省生物多样性保护的发展，使生物多样性保护成为相关部门规划的重要考虑内容。

（3）优先项目

①山东省典型海域海洋生物多样性保护战略与行动计划。

内容：研究编制莱州湾、胶州湾等典型海域生物多样性保护战略与行动计划，有效解决典型海域生态系统受损、生境恶化、经济生物种群衰退、生物多样性下降等海洋生态问题。

②基于海岸带综合管理的海洋生物多样性保护战略。

内容：基于海岸带综合管理的理念和 GIS 技术，建立海洋生物多样性主要影响源分析、海洋生物多样性评价与规划、海洋生物多样性保护管理决策支持系统等海洋生物多样性保护管理技术。

③将生物多样性保护纳入经济社会发展规划。

内容：研究确定将生物多样性保护纳入我省经济社会发展规划

的具体措施和机制。以政府文件的形式，要求与生物多样性有关的部门将生物多样性保护纳入我省经济社会发展规划，并建立长效考核机制。

优先领域三　开展生物多样性本底调查、综合评价与动态监测

行动4　开展生物多样性保护优先区域本底调查与编目

(1) 行动内容

①开展生物多样性保护优先区域的生物多样性本底调查。优先开展昆嵛山、崂山、五莲山、蓬莱艾山、泰山和蒙山等重点区域森林生态系统本底调查，济阳县、庆云县、临清市和寿光市等典型区域的农田生态系统本底调查，小清河、马颊河、黄河（山东段）、大汶河、泗河、沂河、城郭河与薛城小沙河等代表性河流湿地生态系统本底调查，南四湖和东平湖等重点湖泊湿地生态系统本底调查，黄河三角洲、莱州湾、胶州湾、滨州贝壳堤岛、昌邑海洋生态特别保护区和庙岛群岛等重点区域滨海湿地生态系统本底调查。

②制定生物物种资源调查与编目计划及定期调查与数据更新策略。建立和完善山东省物种资源定期调查制度，形成一支稳定的专家队伍，利用5～10年的时间，摸清山东省物种资源本底，编制山东省生物种质资源名录和出版相关著作。

(2) 行动目标

①到2015年底，查清山东省动物、植物区系等生物多样性本

底，建立山东省生物多样性基础数据库，完成各类优先保护的生态系统、物种、遗传资源及传统知识名录编制。

②2016～2018年，建立植物种质资源数据库及查询平台，实现物种多样性查询、管理与更新，服务于政府和公众。

③2019～2020年，出版或再版《山东植物志》《山东动物志》《山东植被》等相应类群的系列著作。

（3）优先项目

①开展各大山区生物多样性本底调查。

内容：查清昆嵛山、崂山、五莲山、蓬莱艾山、泰山、蒙山等优先保护区域的生物多样性本底；确定区域动植物优先保护名单；采集、制作植物腊叶标本，进行数据分析和编目；编辑出版相应类群的系列著作。

②开展内陆湿地生物多样性本底调查。

内容：查清南四湖、东平湖、沂河（山东段）、马颊河（山东段）、小清河、黄河（山东段）、大汶河、泗河、枣庄市辖区主要河流（南四湖入湖河流）等内陆湿地生态系统生物资源的种类、数量与分布；编辑出版湿地相应类群的系列著作。

③开展滨海湿地生物多样性本底调查。

内容：查清黄河三角洲、胶州湾、莱州湾等滨海湿地生物资源种群结构、物种及分布，摸清区域生物多样性本底；分阶段整理、编目、建档立卷，编辑出版海岸湿地相应类群的系列著作。查清庙岛群岛湿地、昌邑海洋生态特别保护区、滨州贝壳堤岛与湿地等保护区海洋动植物种类、丰富度、特有性以及珍稀物种的受威胁程度等指标数据。

④开展农田生态系统栽培与野生植物调查。

内容：查清济阳、临清、庆云、寿光等鲁西北平原区和山东半岛中北部农田生态系统代表区域的蔬菜种质资源和野生植物种类，特别是具有珍贵遗传价值的野生近缘植物资源。

⑤建立山东省生物多样性数据库、网站及影像资料库。

行动 5　开展山东省生物多样性综合评估

（1）行动内容

①建立与生物多样性管理目标相适应的生物多样性评估指标和综合评估体系。

②以确定的调查区域为评价单元，完成山东省生物多样性综合评估。评价对象为生态系统和物种类群，评价指标为野生动植物物种的丰富度、生态系统类型多样性、物种特有性、外来物种入侵度、物种受威胁程度等。

③系统评估山东省生物多样性现状及其演变趋势。

④促进生物多样性综合评估的常态化、长期化，定期发布山东省生物多样性综合评估结果，提出生物多样性保护与利用的建议和策略。

（2）行动目标

①2015～2017 年，初步建立生物多样性综合评估体系，系统评估全省重点生物类群的分布区域、数量、主要威胁因素及变化趋势。

②2018～2020 年，完善生物多样性综合评估体系，逐步完成生物多样性综合评估任务，生物多样性评估工作常态化。

③2021～2030 年，长期跟踪评估生物多样性，促使生物多样性

评价成为项目建设和区域开发环评中的核心、常规内容，为政府和相关部门生物多样性综合管理提供决策参考。

(3) 优先项目

①开展山东省国家重点保护动植物专项调查。

②开展山东省濒危动植物专项调查。

③开展山东省特殊和特有物种专项调查。

④调查研究山东省具有经济价值的能源、药用、特殊经济动植物及利用价值较高的遗传近缘种。

⑤调查研究山东省具有重要经济价值而被过度开发利用，致使野生资源急剧减少、生存受到威胁的物种。

⑥查清莱州湾、胶州湾等典型海域生物多样性现状及其动态变化，综合评估生物多样性受威胁程度，提出修复措施。

⑦跟踪山东省海洋特别保护区内的特有类群，评价其生物多样性变化情况。

行动6　建立生物多样性监测和预警体系

(1) 行动内容

①建立有效的生物多样性监测与评价指标体系和技术方法，开展典型区域生态系统监测，推进生物多样性监测工作的规范化和标准化。

②建立完善的生物多样性监测网络，加强生物多样性监测能力建设，培养专业技术人员，建成多层次、多类型的生物多样性监测体系，实现山东省生物多样性长期动态监测与信息发布。

③利用现有的森林与湿地自然保护区，建立物种资源监测网

络，特别是对国家级保护物种、特有物种、濒危物种、重要经济价值物种种群的丰富度、消长趋势、致危因素、地区代表性、经济用途、科研价值等进行系统监测，并加强对保护区内生态系统及其功能变化的监测。

④建设生物多样性综合预警系统，分析未来生物多样性变化规律，及时掌握重要生物物种资源动态变化，为建立生物物种资源监测预警体系和应急响应机制提供科学决策依据。

⑤定期培训监测设备与监测专业技术人员和其他相关专业技术人员，确保及时、准确掌握重要、典型区域动态变化，以定期提供监测区域动态监测数据与监测报告，使山东省生物多样性监测系统和技术进入国家专业检测网络。

（2）行动目标

①2015～2017年，建立生物多样性监测技术标准体系和监测系统，初步建成生物多样性监测和预警网络体系，开展重点区域生态监测；培训基础设施、监测分析方面的专业人员。

②2018～2020年，推进生物多样性监测工作的规范化和标准化；通过预警系统及时掌握重要生物物种资源的动态变化，为山东省建立生物物种资源监测预警体系和应急响应机制提供科学决策依据。

③2021～2030年，预警系统规范、标准、良好运转，最终使山东省生物多样性监测系统和技术进入国家的专业检测网络。

（3）优先项目

①建立重点区域生物多样性监测和预警网络体系。

内容：以昆嵛山、泰山、蒙山、崂山、南四湖、东平湖、黄河三角洲、莱州湾、胶州湾、庙岛群岛、昌邑海洋生态特别保护区、滨州贝壳堤岛、荣成大天鹅自然保护区等典型区域为骨干，建立完善的生物多样性监测站和预警网络体系，安装植被动态高清监控系统和红外动态监控摄像机，观测植被生长情况和监控区内鸟类及陆生动物种群数量变化和活动情况，实现区域生物多样性动态监测和预警。

②开展国家级重点保护物种、濒危物种、有重要经济价值物种、对环境变化敏感物种、具有代表性的特有物种的消长趋势、致危因素等系统监测。

③建设覆盖全省的生物多样性动态监测数据传输网络，实现全省范围的生物多样性实时监控和预警。

行动 7　开展生态系统监测与评估

（1）行动内容

①建立生态系统动态监测与决策支持系统，实时监测生态环境动态变化，为合理开发、利用与保护自然资源提供科学依据。

②应用 3S（遥感技术、地理信息系统、全球定位系统）技术和地面调查相结合的方法，监测评估崂山、南四湖、黄河三角洲等典型区域的生态系统质量及其服务功能现状与动态变化。

③在崂山、南四湖、黄河三角洲等典型区域监测评估的基础上，开展全省生态系统格局、质量及其服务功能现状与动态变化的监测与评估。

④应用遥感调查与地面调查相结合的方法，评估自然保护区、重要生态功能区等典型生态区域的生态系统变化程度、人类活动干扰程度、生态恢复及保护状况和恢复工程效果。

(2) 行动目标

①2015～2017年，在物种区系、种群、分布等调查基础上，建立生态系统动态监测与决策支持系统，实时监测重点区域生态环境的动态变化。

②2018～2020年，开展崂山（森林生态系统）、南四湖湿地（湖泊湿地生态系统、南水北调工程）、黄河三角洲湿地（海岸带生态系统）等重点区域生态系统监测与评估。

③2021～2023年，开展全省生态系统格局、生态系统质量及其服务功能与动态变化的监测与评估。

④2024～2030年，长期跟踪监测生态系统质量及其服务功能与动态变化，使之标准化、常态化。

(3) 优先项目

①建立生态系统动态监测与决策支持系统。

内容：选择崂山、南四湖、黄河三角洲等典型生态系统，进行实时监测与评估；开展典型海岛生态系统与河口海湾生态系统实时监测与评估；监测评估其他重点区域生态系统类型的多样性、结构功能的完整性、生态系统质量及其服务功能。

②开展全省生态系统格局、生态系统质量及其服务功能与动态变化的监测与评估。

优先领域四　建立生物多样性优先保护名单

行动8　发布山东省中国特有物种名单

（1）行动内容

①开展山东省中国特有物种专项调查，摸清全省中国特有物种种群数量、分布与生存现状。

②开展山东省中国特有物种分布格局研究。

③制定并发布山东省中国特有物种名单。

④加强物种分布区变化的研究，探讨物种特有现象的变化格局，为生物多样性保护提供更完善的理论支持。

⑤以部分代表性特有物种为重点，开展对重点物种的长期动态监测。

（2）行动目标

①到2018年底，摸清山东省中国特有动植物种类、种群数量、生活特性、区域分布和受威胁情况，掌握山东省中国特有植物、中国特有动物的生存现状。

②到2020年底，建立山东省中国特有动植物数据库，编制山东省中国特有动植物分布图，发布山东省中国特有物种名单。

（3）优先项目

①发布山东省中国特有动物名单。

内容：通过实地调查与走访，结合近期研究资料，对山东省中国特有动物进行深入调研，明确其种类、种群数量及栖息地等信息，建立山东省中国特有动物信息数据库，制定并发布山东省中国特有动物名单。

②发布山东省中国特有植物名单。

内容：通过实地调查与走访，结合近期研究资料，对山东省中国特有植物进行深入调研，明确其种类、种群数量及分布区域等信息，建立山东省中国特有植物信息数据库，制定并发布山东省中国特有植物名单。

行动9　发布山东省濒危物种名单

(1) 行动内容

①开展山东省濒危物种专项调查，摸清山东省珍稀濒危物种种类、种群数量、分布情况与致危因素。

②制定并发布山东省濒危物种名单。

③开展濒危物种生存状况、致危因子、人工繁育等基础调查与研究，提出保护措施。

(2) 行动目标

①到2018年底，摸清山东省濒危动植物生存现状，明确山东省濒危物种种类、种群数量与分布情况，分析其濒危状况和致危因素，并提出保护对策。

②到2020年底，建立山东省濒危物种动态数据库，编制山东省濒危物种分布图，确定并发布山东省亟须保护的濒危物种名单。

③到2025年底，全面开展山东省濒危物种拯救与保护行动，通过就地保护、迁地保护、人工培育等方式使部分濒临灭绝的物种野

外种群得到恢复。

（3）优先项目

①发布山东省亟须保护的濒危动物名单。

内容：根据《世界自然保护联盟物种红色名录濒危等级和标准》（3.1 版），确定山东省濒危动物种类，调查种群数量及生境信息，制定并发布山东省亟须保护的濒危动物名单。

②发布山东省亟须保护的濒危植物名单。

内容：根据《世界自然保护联盟物种红色名录濒危等级和标准》（3.1 版），确定山东省濒危植物种类，调查种群数量及分布区域状况，制定并发布山东省亟须保护的濒危植物名单。

优先领域五　严格外来物种与转基因生物安全管理，防止物种入侵

行动 10　外来入侵物种早期预警与应急监测能力建设

（1）行动内容

①建立外来物种环境风险评估制度与体系。

②完善外来入侵物种快速分子监测等技术与方法，建立外来入侵物种监测与预警体系，实施长期监测。

③跟踪新出现的潜在有害外来生物，制定应急方案，开发外来入侵物种可持续控制技术和清除技术，组织开展危害严重的外来入侵物种的清除。

④加强有害病原微生物及动物疫源疫病监测预警体系建设，从

源头控制其发生和蔓延。

(2) 行动目标

①到2020年底，以重点详查和普查相结合的方式，查清山东省外来入侵物种的本底，编制外来入侵物种黑色、灰色和白色名单。对于已经严重入侵的有害生物，建立外来入侵生物信息库，定期监测并更新信息，跟踪其发展蔓延态势和危害程度变化等情况。

②到2025年底，完善外来入侵物种快速分子监测等技术与方法，跟踪新出现的潜在有害外来生物，制定应急方案，开发外来入侵物种可持续控制技术和清除技术，组织开展危害严重的外来入侵物种的清除。

③到2025年底，建立外来物种环境风险评估制度与体系、外来入侵物种监测与预警体系、有害病原微生物及动物疫源疫病监测预警体系，从源头控制其发生和蔓延，并实施长期监测。

(3) 优先项目

①开展外来入侵物种动态监测工作。

内容：建立外来入侵有害生物信息库，定期监测并更新信息，跟踪其发展蔓延态势和危害程度变化等情况。

②开展外来入侵物种防治措施研究。

内容：研究外来入侵物种危害机理，完善外来入侵物种快速分子监测等技术与方法，提出有效的监控预警机制和应急防治措施，开发外来入侵物种可持续控制技术和清除技术。

③完善外来入侵物种防控体系建设。

内容：建立外来入侵物种监测预警体系及应急中心与野外监测台站，建立全省性的监测预警体系及应急系统。

④建立典型海域外来物种环境风险评估制度。

内容：建立典型海域外来生物入侵风险评价技术体系、管理体系和决策体系，实施典型海域外来生物入侵风险评价制度。

⑤完善典型海域外来入侵物种及海洋生物疫病长期监测与预警体系。

内容：完善海洋生物疫情收集、分析、预测机制，开展外来入侵物种及海洋生物疫病风险预警与评估，确定有害生物名单、入侵生物名单及其风险管理措施，发布外来入侵物种及海洋生物疫病信息。

行动 11　发布山东省外来入侵物种名单

（1）行动内容

①制定和发布外来入侵物种名单。对名单中物种的危害和分布作重点说明，以对未被入侵的地区起到预警作用。

②确定重点防治区域。当前要把自然保护区等生物多样性丰富和内陆水域等生态环境脆弱的地区作为外来入侵物种重点防治区域。

③加强对已确认外来有害生物的基础生物学和生态学研究，为有效防治有害生物提供科学依据。

④强化对外来有害生物防治理论、技术与方法的研究。强化对有益的引进物种可能成为另类入侵种的收益与风险评估研究，加强潜在外来有害生物的监管力度。

（2）行动目标

①到 2020 年底，摸清山东省外来动植物种类、生活特性、重点

防治区域，研究针对性的防治措施，发布山东省外来入侵（危险、有害）物种名单。对有争议的有害物种做重点报告。

②到2025年底，完善法规政策保障体系，建立完善的外来入侵物种监控体系，定期发布外来物种监测报告。

（3）优先项目

①研究建立山东省外来入侵物种监测体系，定期发布山东省外来入侵物种监测报告。

内容：明确外来入侵物种监测管理机构，制定管理规章制度与监测规程，落实管理队伍，完善法规政策保障体系；开展外来入侵物种动态监测，评估外来入侵物种动态变化情况，发布山东省外来入侵物种监测报告。

②开展昆嵛山外来物种资源调查与防控技术研究。

内容：开展外来物种资源调查，严防重大疫源疫病传入，做好重大疫情防控工作，保障乡土物种安全。严格管控松材线虫病等外来入侵物种传入保护区，确保保护区内无重大疫情。

行动12　开展转基因生物安全评价、检测方法和监测技术研究

（1）行动内容

①开展转基因生物环境风险分析及其食用、饲料用安全性评价技术研究。

②开展转基因抗虫棉对目标害虫的抗性机理研究，跟踪监测转基因抗虫棉对土壤生物、棉花野生近缘植物等的影响，研究制定监测指标体系，提出防控对策和技术措施，确保转基因棉花的安全

使用。

③开展转基因林木耐旱、抗盐碱、抗病抗虫机理研究，跟踪监测和评估转基因林木对动植物、微生物、土壤和环境等的影响，研究制定监测指标体系，提出防控对策和措施，确保转基因林木安全使用。

④逐步建立转基因生物安全检测及监测体系，并实时跟踪监测。

（2）行动目标

建立完善转基因作物环境、食用安全评价、检测与监测技术平台，为转基因生物产业发展提供安全保障，确保转基因生物的安全性，让广大农民和消费者放心，确保生态环境安全和人体健康，推动生物产业持续健康发展。

（3）优先项目

①开展转基因生物抽样技术、高通量检测技术、全程溯源技术研究，研制相关标准、检测仪器设备和产品。

②研究转基因生物环境释放、生产应用、进出口安全监测与风险管理技术、标准，以及风险预警和安全处理技术。

③开展产业链、生物链水平上的跟踪研究试点，摸索评价、检测方法和监测技术手段。

④建立山东省转基因水产品及饲料安全检测与跟踪监测体系。

内容：推行和完善转基因海洋动植物产品标识制度，加强山东省转基因水产品及饲料安全检测与跟踪监测技术方面的研究，提高海洋生物技术产品危险性评价水准，初步建立山东省转基因水产品及饲料安全管理技术支撑体系。

优先领域六　加强生物多样性就地保护

行动 13　建立山东省自然保护区信息管理系统

(1) 行动内容

①调查收集山东省各级各类自然保护区基础信息数据，建立自然保护区基础信息数据库。

②调查收集山东省各级各类自然保护区生物多样性数据，如动植物名录、珍稀濒危物种、特有物种、外来入侵物种、生态系统等。

③应用高分辨率卫星遥感影像，开展自然保护区人类活动影响监测与评估，实现自然保护区的“天地一体化”监测与管理。

(2) 行动目标

到 2018 年底，实现全省各级各类自然保护区的网络化、规范化和动态化管理。

(3) 优先项目

山东省自然保护区信息管理系统与信息平台建设。

内容：调查核实全省各级各类自然保护区基础信息数据，建立全省自然保护区信息管理系统，构建信息发布平台。

行动 14　加强自然保护区规范化建设

（1）行动内容

①修订完善山东省自然保护区规范化建设评估考核办法，开展自然保护区管理评估，定期评估自然保护区规范化建设成效。

②加强国家级和省级自然保护区规范化建设，提升自然保护区管护能力。探索自然保护区的社区共管模式，开展社区共管试点并推广。

③定期开展技术培训，提高管理人员的管理能力和业务水平。

④制定山东省自然保护区评审标准，严格执行自然保护区审批程序，加强自然保护区管理。

（2）行动目标

到2018年底，全省50％的省级自然保护区完成规范化建设并考评合格；到2020年底，100％的省级自然保护区完成规范化建设并考评合格。

研究制定市、县级自然保护区《规范化建设和管理导则》及《规范化建设和管理考评办法》。到2020年底，60％的市、县级自然保护区完成规范化建设并考评合格；到2025年底，100％的市、县级自然保护区完成规范化建设并考评合格。

（3）优先项目

开展省级自然保护区规范化建设工程。

内容：按照《山东省省级自然保护区规范化建设和管理导则（试行）》和《山东省自然保护区规范化建设和管理考评办法（试

行)》相关要求，全面开展省级自然保护区的规范化建设，到2020年底，完成所有省级自然保护区的规范化建设工作。

行动15　新建一批自然保护区和自然保护小区

(1) 行动内容

①修订与完善《山东省自然保护区发展规划(2008～2020)》。

②选择有代表性的典型生态系统、珍稀濒危物种集中分布区、地质遗迹与地貌景观等关键区域或特殊地带，建立新的自然保护区或自然保护小区。

③一些地区因开发较早，人口密度过大，很难建立面积相对较大的自然保护区，可建立一批自然保护小区，通过建立生态廊道，增强自然保护区间的连通性，努力形成“自然保护区群”，抢救性保护人类活动稠密区域残存的自然生境。

(2) 行动目标

通过自然保护区或自然保护小区的建设，进一步完善自然保护区体系，到2025年底，实现对全省野生动植物资源及其生境的全面保护。

(3) 优先项目

新建10个自然保护区或自然保护小区。

内容：新建五莲山野生杜鹃自然保护区、长门岩岛及临近诸岛山茶自然保护区、伟德山自然保护区、莲花山自然保护区、沂山自然保护区、大汶河鸟类自然保护区、荣成野玫瑰原生境自然保护小区、莱阳珊瑚菜原生境自然保护小区、沂南两型豆原生境自然保护小区和海阳青岛百合生境自然保护小区。

行动 16　加强生物多样性保护优先区域的保护

（1）行动内容

根据生物多样性保护优先区域本底调查成果，对于优先区域内尚未受到有效保护的珍稀濒危物种或特有物种及已被破坏或退化的物种栖息地，组建专职部门，采取适当措施进行保护和恢复。

（2）行动目标

到 2025 年底，生物多样性保护优先区域内 100％的濒危物种和特有物种得到有效保护，50％的被破坏或退化的物种栖息地得到修复。

（3）优先项目

①生物多样性保护优先区域生态恢复工程。

内容：调查生物多样性保护优先区域生态环境退化或破坏现状，针对不同区域研究制定有效的生态恢复措施，到 2025 年底，完成 50％破坏生境的恢复工作。

②新泰太平山赤松和珍稀树种的保护建设项目。

内容：开展森林防火、基础设施、有害生物防治、科技与监测等项目建设，保持以赤松、华山松为典型特色的森林生态系统完整性，促进珍稀树种的正常生长和繁衍。

③东平县湿地建设和生物多样性保护项目。

内容：建设稻屯洼、大汶河东平湖入湖口、旧县乡东平湖出湖口、东平湖南岸、汇河等人工湿地水质净化工程和湖滨带生态修复工程，完善东平湖湿地系统，丰富物种多样性。

④文登区五垒岛海湾生物多样性保护项目。

内容：建设母猪河沙口滨海湿地水生植被恢复、补种和滩涂底栖生物增殖放流工程，建设鸟类迁徙观察站、生态监测站和实验室。

⑤微山县典型煤矿区退化生态系统恢复治理示范工程。

内容：摸清微山县煤矿区生态系统退化状况，提出煤矿区的生态恢复治理技术和模式，在付村镇、欢城镇、留庄镇选择合适区域开展试点示范，提高煤矿区退化生态系统的生态恢复能力。

⑥青岛胶州湾文昌鱼及栖息地保护项目。

内容：建设青岛文昌鱼生态保护区，遏制保护区破坏行为，改良、修复文昌鱼栖息繁殖环境，完善文昌鱼及其栖息地保护体系，恢复文昌鱼自然种群数量。

⑦山东省海洋生物产卵场、索饵场及栖息地修复工程。

内容：开展海洋生物资源典型产卵场、索饵场及栖息地的全面调查，摸清典型产卵场、索饵场及栖息地的面积、功能、产卵群体、补充群体等信息，并对其进行保护和修复。

⑧山东海域人工鱼礁及海洋牧场建设。

内容：开展典型海域人工鱼礁建设，修复近海海洋生物栖息地，在典型海域内，采用规模化渔业设施和系统化管理体制建设海洋牧场，合理利用与保护海洋资源。

优先领域七　科学开展生物多样性迁地保护

行动17　开展物种迁地保护体系建设

（1）行动内容

①建立和完善山东省植物园体系，统一规划全省植物园的引种保存、珍稀濒危植物保护基地和繁育中心。

②扩展、充实野生动物繁育体系，开展动物园和野生动物繁育中心评估，合理规划建设动物园和野生动物繁育中心，规范野生动物驯养繁育场所及其商业活动，保护知识产权，公平分享因利用生物遗传资源而产生的惠益。

③完善“山东省野生物种种质资源保存基地”，建设“山东省种质资源库”。

④对于栖息地遭到破坏的海洋珍稀濒危野生生物，采取迁地保护和人工繁育措施，确保其生存和繁衍。

⑤建立山东省物种迁地保护的技术标准。

（2）行动目标

建立完善的山东省物种迁地保护体系，逐步恢复濒危物种的数量，维持并丰富物种多样性。

（3）优先项目

①山东省生物物种资源迁地保护体系建设与评估。

内容：开展陆地动植物、微生物和水生生物（包括海洋生物）

等迁地保护物种的调查、整理和编目工作，合理规划迁地保护设施的数量、分布及规模，建立数据库和动态监测系统，构建迁地保护生物物种资源体系。

②山东省畜禽遗传资源鉴定、评价与开发利用工程。

内容：建立畜禽遗传资源自主创新体系，培育优良品种。以山东省特有、珍稀家畜家禽为研究对象，建立主要畜禽遗传资源的形态学和生产性状、品质性状、抗逆性等方面的鉴定、评价技术体系。增强科研开发能力，大力培育畜禽新品种。

③山东省珍稀濒危野生动植物物种拯救工程。

内容：对于栖息地遭到破坏的珍稀濒危野生动植物，采取迁地保护和人工繁育措施，实施珍稀濒危野生动植物拯救工程，确保其生存和繁衍。

行动 18　建立山东省生物遗传资源保持体系，加强物种种质资源库建设与维护

(1) 行动内容

①调查农作物种质资源中期库、长期库和备份库仪器设备的更新、维护的相关规划或计划，完善畜禽牧草种质资源保存利用中心和种质资源库建设，包括农作物种质资源中期库和种质圃，以及试管苗库的配套设备和田间繁殖圃等。

②调查野生花卉种质和药用植物资源保存库、野生动植物基因库建设情况，收集保存优良的野生花卉和药用植物种质资源，开展野生动植物基因材料的收集、保存、研究和开发。

③整理水产种质资源基因库的建设情况，加强引育种中心、种质库、原种场、良种场和种质检测中心的建设。

④完善各类生物遗传资源保存体系的管理制度和措施，规范生物遗传资源获取与利用活动。

（2）行动目标

加强种质资源库、育种中心、原种场、良种场建设，强化对林木、花卉、药用生物、畜禽和鱼类等种质资源的保存，建立山东省生物物种查验研究中心和物种资源检验鉴定实验室，搭建生物物种查验技术网络体系和信息共享平台，以构建重要、濒危生物品种群体细胞库的方式来保存基因资源，持续保护特有珍稀种质资源，主要农作物、家畜禽、水产等种质资源得到细胞库保存。

（3）优先项目

①山东（暖温带）珍稀濒危树种种质资源中心库建设。

内容：在泰山、蒙山、崂山、昆嵛山、抱犊崮和黄河三角洲等珍稀濒危物种集中分布区，营造15个原地保存林和13个人工恢复林，面积231hm^2。在天麻林场、福山林场、抱犊崮林场、潍坊寿光盐碱地试验站建立4个异地保存库，面积88.9hm^2。在济南建设面积为38.7hm^{2}的中心库，通过人工控制温度与湿度等环境条件，保存适合的林木种质资源。

②山东省生物物种资源查验技术体系和平台建设。

内容：研究制定生物物种资源查验技术标准和规范条例，建立山东省物种查验研究中心和口岸物种资源检验鉴定实验室，搭建物种查验技术网络体系，建立生物物种资源查验信息共享平台。

③山东省水生生物繁育工程中心、渔业资源增殖种苗基地以及水产种质资源保存设施建设。

内容：建设山东省水生生物繁育工程中心，开发和培育新品种；建设渔业资源增殖种苗基地，研究渔业资源增殖放流技术；建设水产原良种场、水产种质资源保护区和水产养殖品种种质资源库，形成完整的水产原良种保存体系。

④莱阳市清水河河蚬种质资源保护项目。

内容：建设莱阳清水河河蚬省级水产种质资源保护区，面积887hm^2。加强保护区管护设施与科研监测设施建设，保护清水河河蚬种质资源。

优先领域八　促进生物多样性资源可持续利用

行动19　开展大型建设项目生物多样性影响评价研究

(1) 行动内容

开展大型建设项目生物多样性影响评价试点，对已完成的大型建设项目开展生物多样性保护措施有效性评估。

(2) 行动目标

建立山东省生物多样性影响评价体系和评价方法，开展大型建设项目生物多样性影响的评估和监测，强化大型建设项目生物多样性保护。

(3) 优先项目

①制定大型工程项目生物多样性影响评估指南。

内容：建立不同类型的大型工程项目生物多样性评估指标体系和评价方法，选择有代表性的大型工程项目进行生物多样性评估试点，形成大型工程项目生物多样性影响评估指南。

②开展龙口湾围填海工程项目海洋生物多样性影响评估。

内容：开展龙口湾围填海工程海洋生物多样性影响评估，研究探讨围填海工程海洋生物多样性影响评估方法及其应用示范。

③开展海阳核电站海洋生物多样性影响评估。

内容：开展海阳核电站运营期海洋生态环境影响评估，研究探讨核电站建设工程海洋生物多样性影响评估方法及其应用示范。

行动 20　减少环境污染对生物多样性的影响

（1）行动内容

实施水、空气、土壤污染防治工程，改善水、空气、土壤环境质量，减少环境污染对生物多样性的影响。

（2）行动目标

加强生物多样性保护重点区域的环境污染治理，改善环境质量，增加生物多样性。

（3）优先项目

①完善针对生物多样性保护的水污染物排放标准。

内容：确定影响生物多样性保护的水污染因素，完善排放标准中影响生物多样性保护的污染物类别和标准，进一步改善水环境质量，减少水环境污染对生物多样性的影响。

②减少土壤污染对生物多样性的影响。

内容：评估山东省土壤污染状况及其对生物多样性的影响，加强土壤污染防治，改善土壤环境质量，减少土壤污染对生物多样性的影响。

③开展重点海域生态工程建设。

内容：开展重点海域生物多样性监测与评价，建立典型海域生态环境修复技术、生物资源恢复与养护技术，形成典型海域生态系统关键种、特有种和重要经济种的修复技术体系。

行动 21　深入开展生态系列创建和生态文明建设试点工作

（1）行动内容

①全面总结山东省生态系列创建工作经验，研究探讨深化生态系列创建工作的意见与建议，大力推进生态省、生态市、生态县（市、区）、生态乡镇和生态村的创建工作。

②积极开展国家生态文明建设示范区和生态文明建设示范村创建工作。

（2）行动目标

根据生态山东建设的总体要求，大力推进生态系列创建和生态文明建设试点工作，实现生态省、生态市、生态县（市、区）、生态乡镇、生态村、生态文明建设示范区和示范村等建设目标。

（3）优先项目

①深入开展生态系列创建和生态文明建设试点工作。

内容：按照省委省政府《关于建设生态山东的决定》，大力推进生态系列创建和生态文明建设试点工作，加强创建工作的宣传和考评，确保生态山东的各项规划落到实处。

②山东省生态农业建设工程。

内容：加强无公害、绿色、有机食品生产基地建设；建设秸秆（种草）养牧示范区、秸秆种植食用菌项目以及部分机械化秸秆还田示范县。

优先领域九　加强生物多样性保护科技支撑

行动22　加强生物多样性保护领域科学研究

（1）行动内容

①联合高校、科研院所加强生物多样性保护新理论、新技术和新方法的基础研究和技术推广，加大对生物分类和生物多样性保护等基础学科的支持力度。

②加强生物多样性基础科研条件建设，合理配置和使用科研资源与设备，增强实验室的研发能力。

③推广成熟的研究成果和技术，促进成果共享。

④采取措施，吸引优秀科技人才从事生物多样性保护研究。

（2）行动目标

研究生物多样性保护新理论、新技术和新方法，推广成熟的研究成果和技术，为生物多样性保护提供科技支撑。

（3）优先项目

①南四湖湿地生物多样性科研实验站建设。

内容：依托南四湖湿地科学研究院，建设南四湖湿地生物多样性科研实验站，开展南四湖湿地生物多样性调查与监测工作。

②南四湖生物多样性宣教与展示基地建设。

内容：建设南四湖生物多样性宣教与展示基地，配备南四湖本地动物、植物等生物标本、模型，以及各类生物的文本资料、展示板、宣传保护卡片和音像制品等，开展生物多样性保护宣教、展示与交流。

③建设山东省海洋生物多样性保护科学研究实验室。

内容：建设山东省海洋生物多样性保护科学研究实验室，开展海洋生物多样性保护领域的基础研究和应用研究，重点开展海洋生物多样性历史进程、人类活动影响和生物多样性保护方向的研究。

④开展山东省海洋生物资源增殖放流技术研究。

内容：开展生态关键种增殖放流修复技术研究，生态关键种增殖放流群体的捕食和反捕食能力研究，形成生态关键种的增殖放流质量标准与技术规范。

行动 23　提高生物多样性保护领域人员业务水平

（1）行动内容

①发挥高等院校专业教育优势，加强生物多样性专业教育和人才培养。

②加强培训，提高管理人员技术水平和决策水平。

（2）行动目标

合理设置高校生物多样性保护课程，全面提高高校生物多样性保护人才培养质量。加强技术培训，提升生物多样性保护相关领域人员专业技术水平和决策能力。

（3）优先项目

山东省生物多样性保护科研与教育年度研讨会。

内容：建立“山东省生物多样性保护科研与教育年度研讨会”制度，每年至少组织一次专题研讨会，开展生物多样性保护相关的科研、教育与管理等学术交流，以提高科研人员的研究水平和各级干部的保护意识。

优先领域十　大力开展生物多样性保护宣传教育，建立公众参与机制

行动 24　建立生物多样性保护公众参与和公众监督机制

（1）行动内容

①完善公众、非政府组织和企业参与生物多样性保护的有效机制，形成举报、听证、研讨等形式多样的公众参与制度。

②依托自然保护区、动物园、植物园、森林公园、标本馆和自然博物馆，广泛宣传生物多样性保护知识，提高公众保护意识。

③建立公众和媒体监督机制，监督相关政策的实施。

④倡导有利于生物多样性保护的消费方式和餐饮文化，引导公众合理地消费与利用生物资源。

⑤引导和鼓励企业参与生物多样性保护的宣传与推广。

（2）行动目标

建立公众参与生物多样性保护的机制和社会各方参与的稳定伙

伴关系联盟，公众、非政府组织在保护和持续利用生物多样性方面的参与能力得到提高。

(3) 优先项目

民间团体参与生物多样性保护机制建立及示范。

内容：推动完善非政府组织和公众参与生物多样性保护机制，增强非政府组织和公众的参与能力。与民间团体和非政府组织合作，组织开展一系列生物多样性保护交流论坛、科研项目及宣传活动。研究建立社会各方参与的生物多样性保护联盟，组织开展生物多样性及生态环境保护主题活动。

第六部分　保障措施

一、加强组织领导

建立“山东省生物多样性管理委员会”，完善生物多样性保护协调机制，分解保护任务，落实责任制。建立保护战略与行动计划实施评估考核机制，由山东省环境保护厅会同有关部门对生物多样性保护战略与行动计划的执行情况每年进行监督、检查和评估，对成绩突出的地方人民政府和单位给予表彰，对未完成相关任务的进行行政问责，并定期向省政府报告相关情况。

二、落实配套政策

各相关部门要对生物多样性保护现有法规政策进行梳理，以生态文明建设为指导，完善现有法规政策，制定适用于不同区域、流域、不同领域和不同层次的生物多样性保护政策和标准；尽快出台“山东省生物多样性保护条例”等生物多样性保护法规，制定配套实施细则和政策措施，形成较为完善的政策法规保障体系；综合运用法律、经济和行政手段，推动各项政策措施的落实；鼓励进行有利于生物多样性保护的政策、制度创新。

各市县应根据省级生物多样性保护战略与行动计划确定的战略目标和战略任务，制定并实施本市县的生物多样性保护战略与行动计划。市县生物多样性保护战略与行动计划要纳入市县政府相关规划，并保证资金投入。

三、提高实施能力

进一步提高生物多样性调查、评估和监测预警能力，以及自然保护区、森林公园、风景名胜区、自然遗产地、重要湿地、水产种质资源保护区等生物多样性丰富区域的管护能力，加强队伍建设和人才培养，将生物多样性保护相关内容纳入各级领导干部培训工作，提高执法能力和水平。环保、农业、林业、水利和海洋与渔业等部门要组织开展生物多样性保护行政监管与执法管理培训，加大对破坏生物多样性违法犯罪行为的打击力度。

四、加大资金投入

各级人民政府要逐步加大对生物多样性保护的投入力度。各级主管部门要积极将生物多样性保护事业纳入地方国民经济和社会发展计划。引导社会、信贷、国际资金参与生物多样性保护，形成多元化投入机制。整合生物多样性保护现有分散资金，提高使用效率。加大各级财政对生物多样性保护能力建设、基础科学研究和生态补偿的支持力度。鼓励和引导企业参与生物多样性保护事业，对企业危害生物多样性的行为进行处罚，对参与生物多样性保护事业的企业进行政策补偿。

五、加强交流与合作

积极参加生物多样性保护的国内和国际技术交流，学习国内外先进经验。加强跨界生物多样性保护合作，积极参与地区性活动，完善生物多样性保护跨区域合作机制，与兄弟省份相关职能部门定期交流信息。在省内建立生物多样性信息共享和交流平台。

围绕山东省生物多样性保护的优先行动和优先项目，以技术合作为先导，以能力建设为重点，进一步扩大对外合作领域，丰富合作内容，提高山东省生物多样性保护的能力和水平。

六、引导公众参与

完善生物多样性相关信息发布制度，主动公开相关信息，接受社会监督，建立专门网站或在山东省环境保护厅的官方网站建立专门栏目，通过热线电话、社会调查等多种方式了解公众意见和建议，鼓励和引导公众参与和支持生物多样性保护事业。结合国际生物多样性日、世界环境日、世界湿地日、地球日等活动，广泛宣传生物多样性保护相关科学知识和法规政策。组织志愿者，开展生物多样性相关的宣传、保护、监督工作。支持建立生物多样性保护的非政府组织，并引导其参与生物多样性宣传教育工作，建立生物多样性公众参与体系，促进公众参与。

山东省环境保护厅
山东省发展和改革委员会
山东省财政厅
山东省水利厅
山东省农业厅
山东省海洋与渔业厅
山东省林业厅

鲁环发〔2014〕107号

山东省环境保护厅 山东省发展和改革委员会 山东省财政厅 山东省水利厅 山东省农业厅 山东省海洋与渔业厅 山东省林业厅关于印发山东省生物多样性保护战略与行动计划（2011－2030年）的通知

各市人民政府，省政府有关部门：

为贯彻落实《中国生物多样性保护战略与行动计划（2011—2030年）》要求，推动我省生物多样性保护工作，经省政府同意，现将《山东省生物多样性保护战略与行动计划（2011—2030年）》印发给你们，请认真贯彻落实。

省环保厅　　省发展改革委　　省财政厅

省水利厅　　省农业厅　　省海洋与渔业厅

省林业厅

2014年8月5日

抄送：省科技厅、省国土资源厅、省卫生和计生委、省畜牧兽医局。

山东省环境保护厅办公室　　2014年8月11日印发

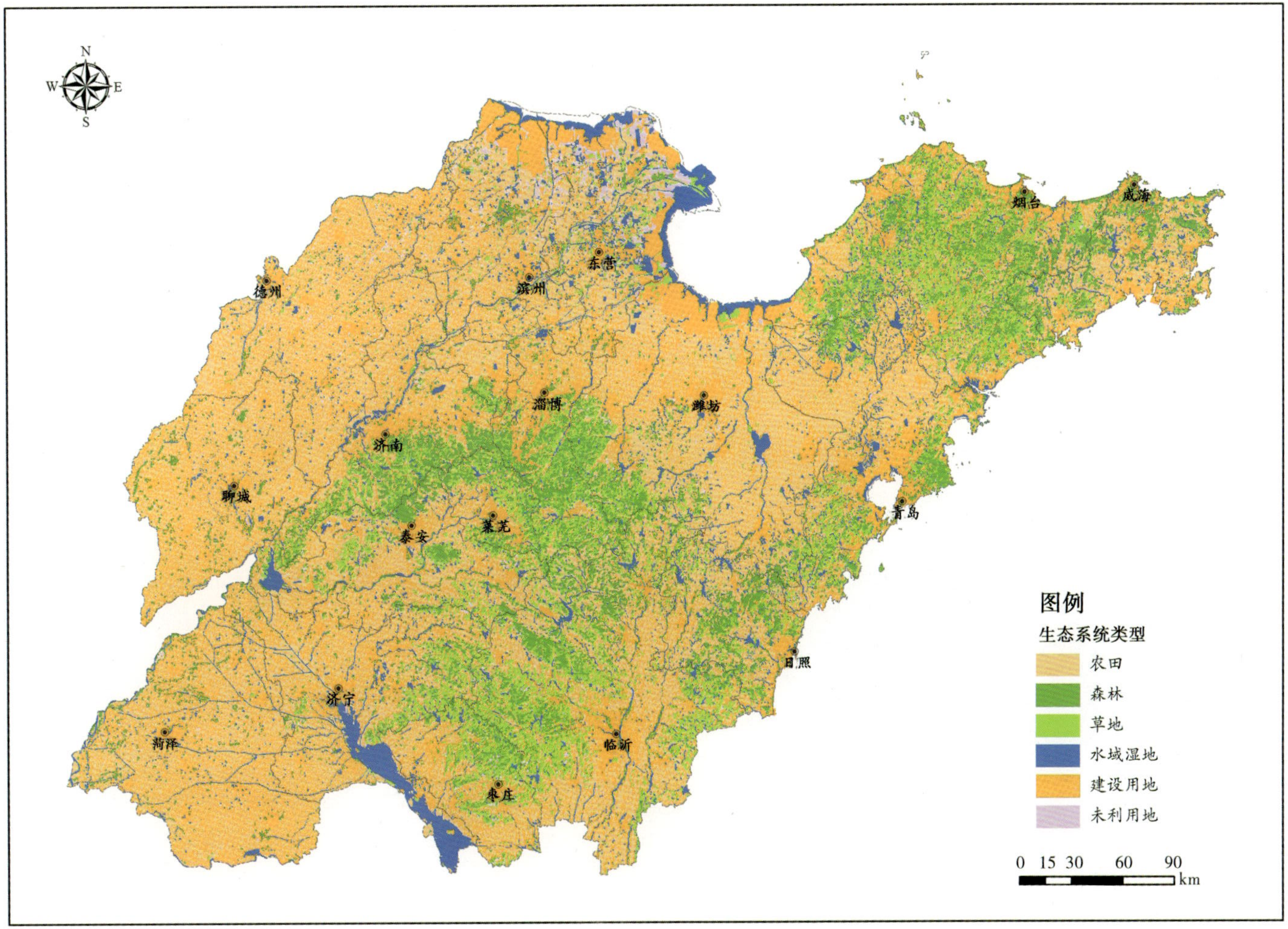

图1-1　2010年山东省生态系统类型分布图

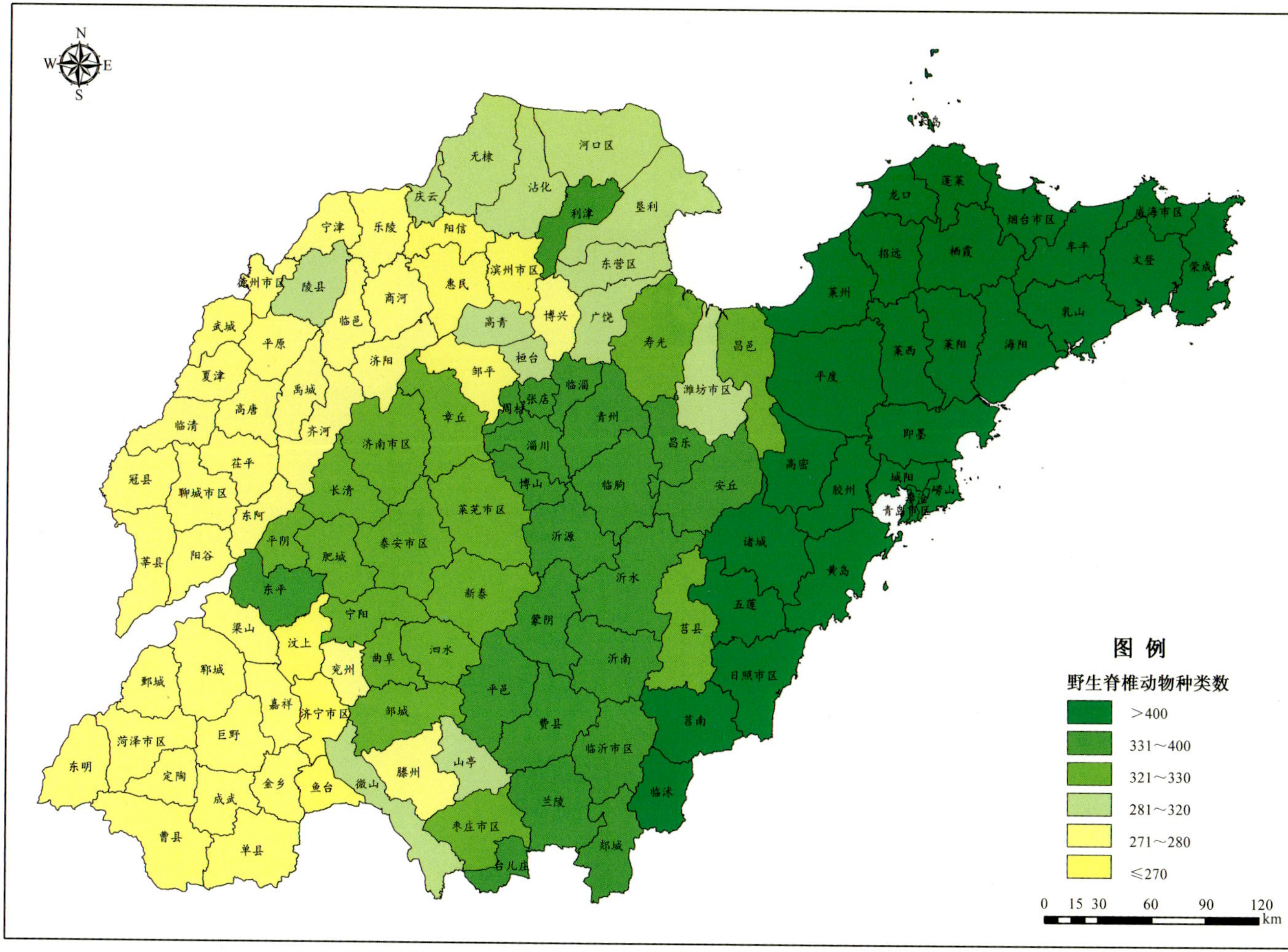

图1-2　山东省野生脊椎动物县域分布图

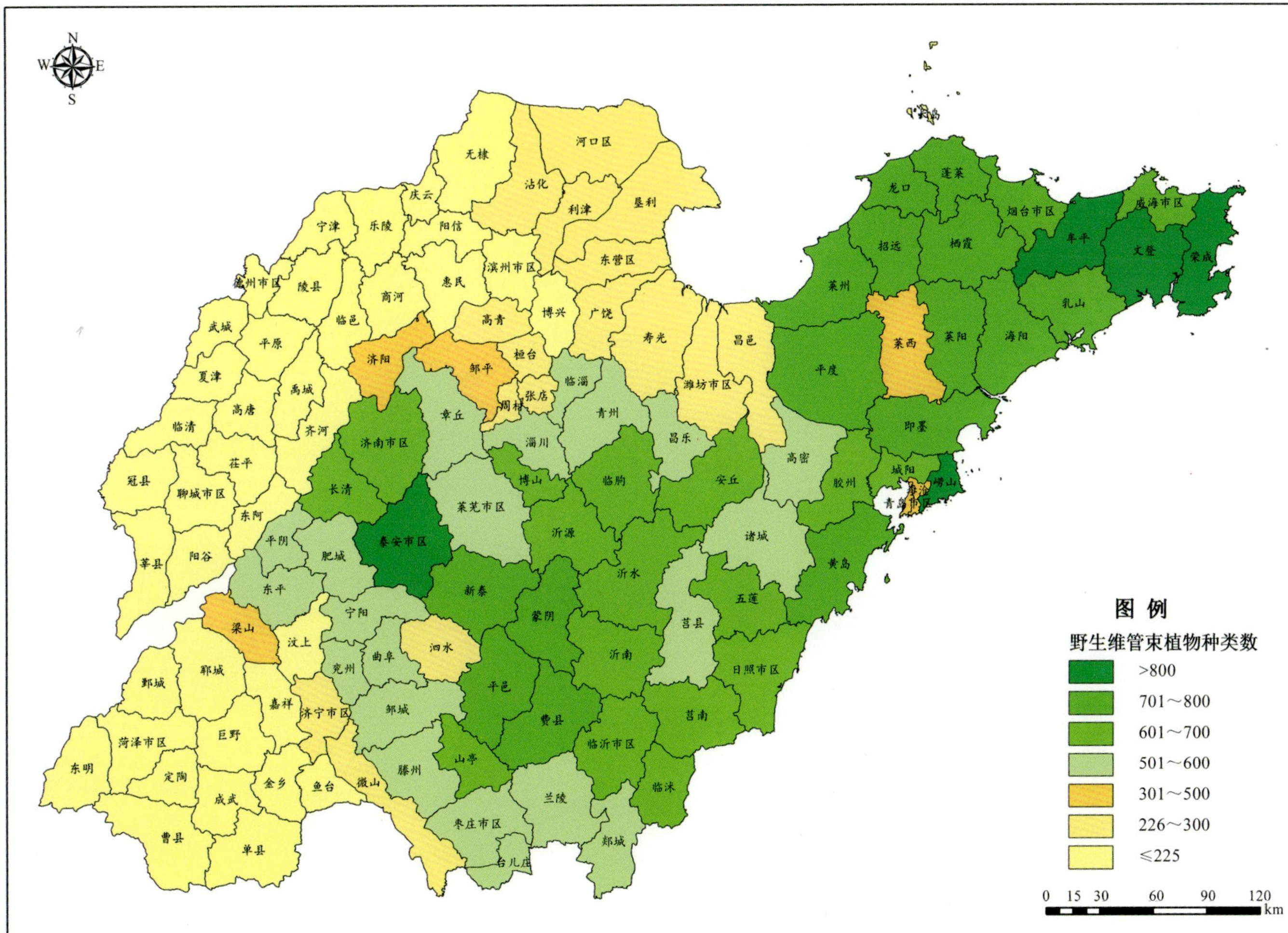

图1-3　山东省野生维管束植物县域分布图

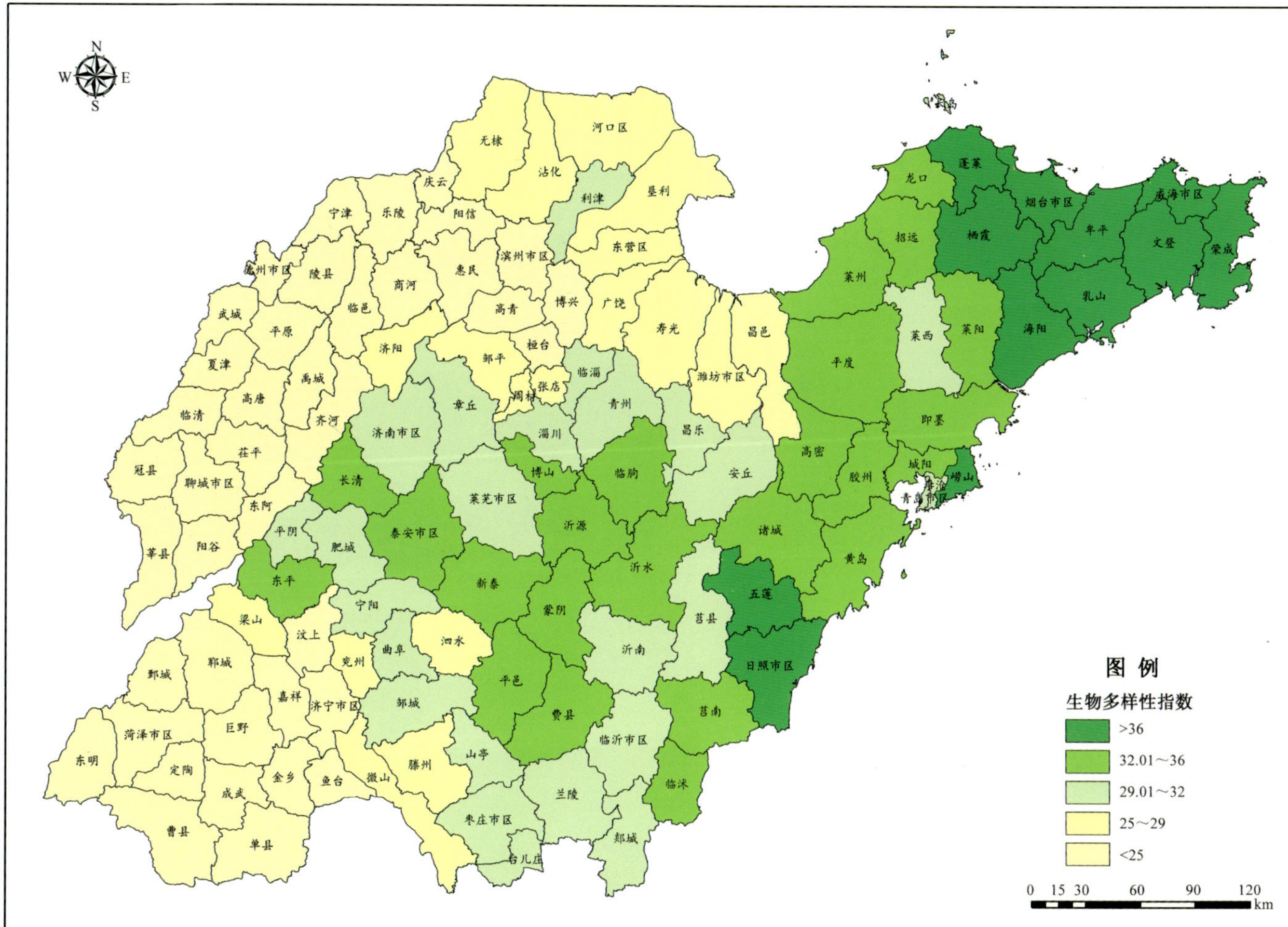

图4-1　山东省陆地生物多样性指数县域分布图

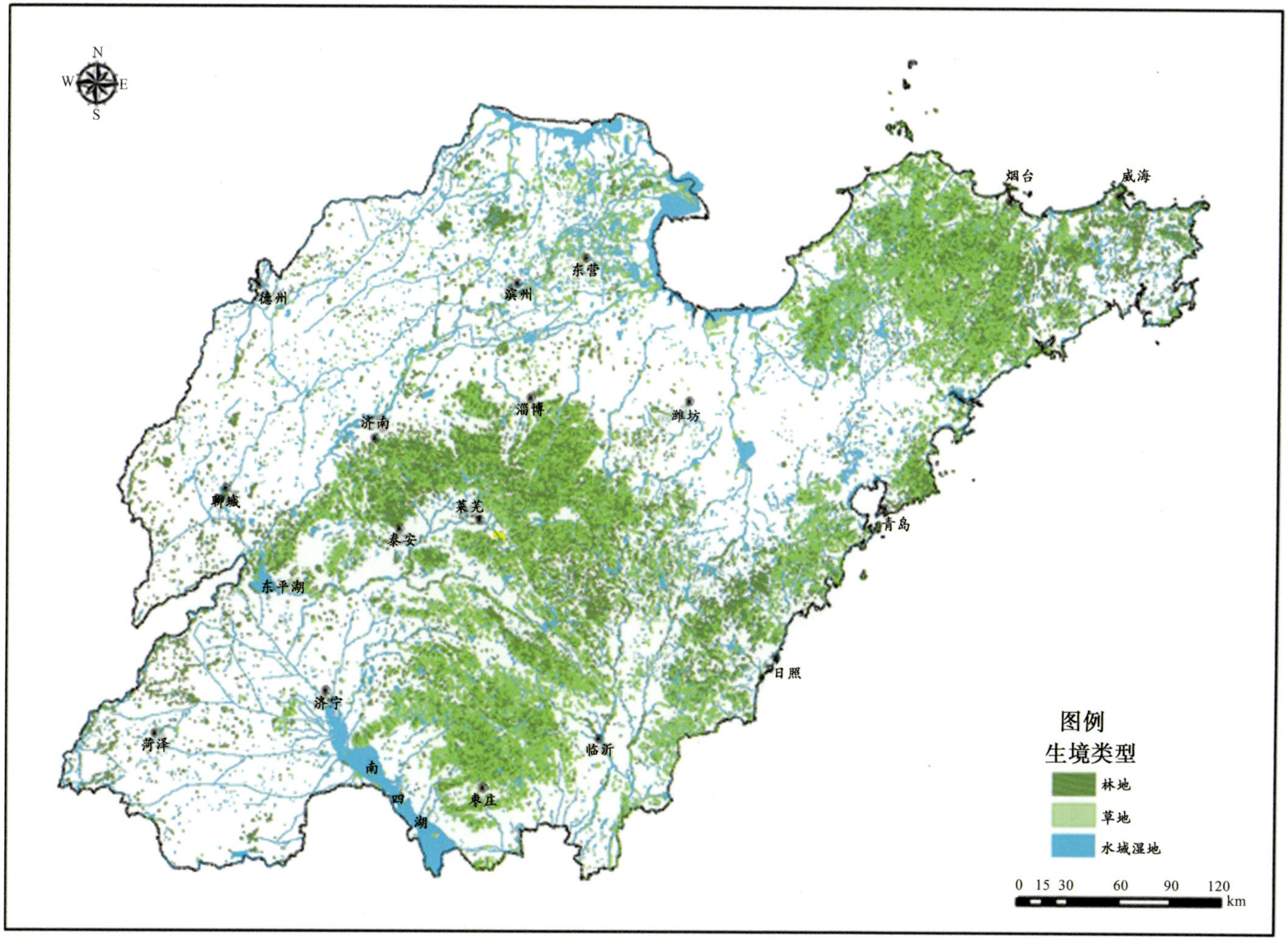

图4-2　山东省森林、草地和湿地生态系统分布图

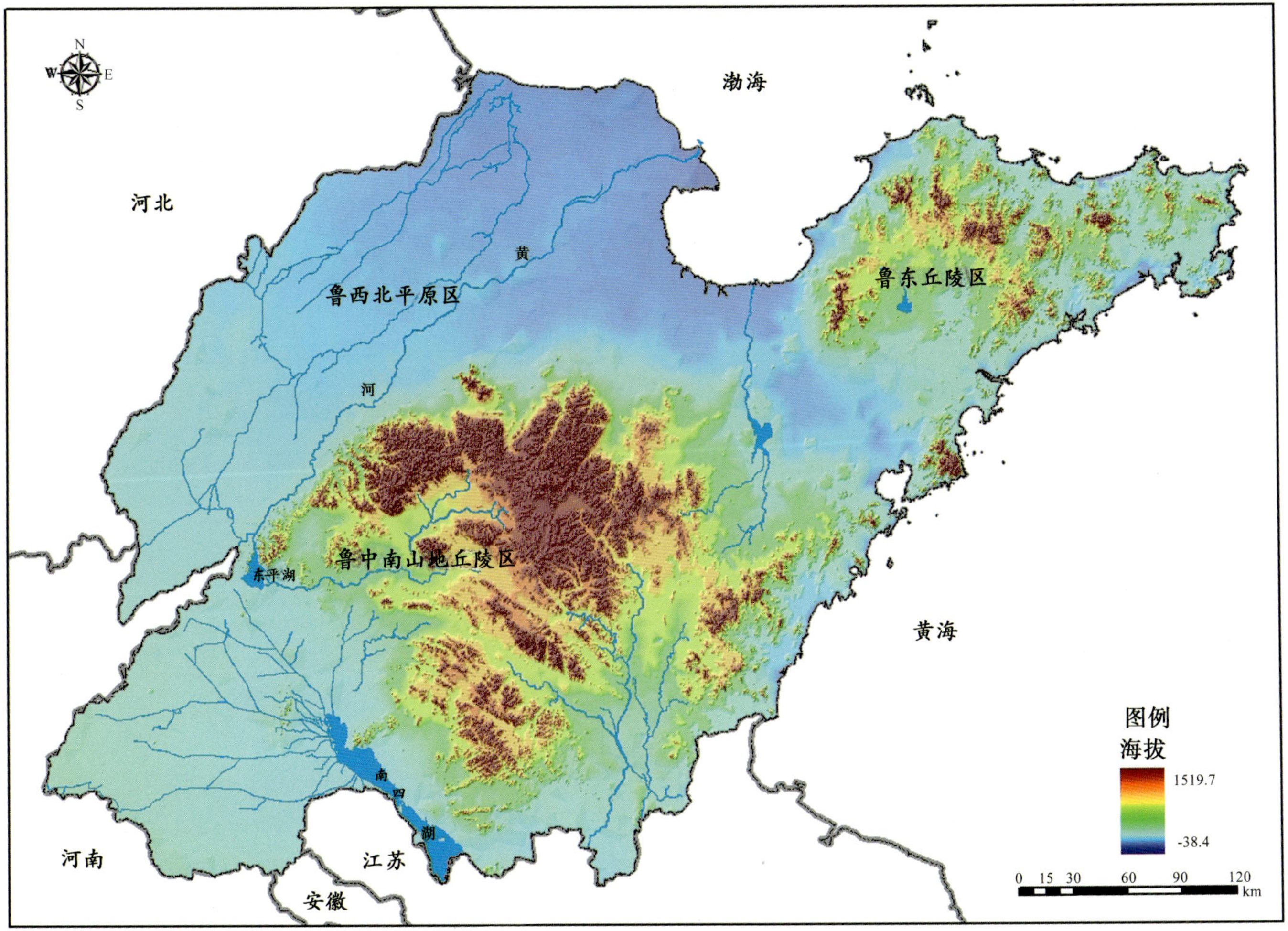

图4-3　山东省数字高程图

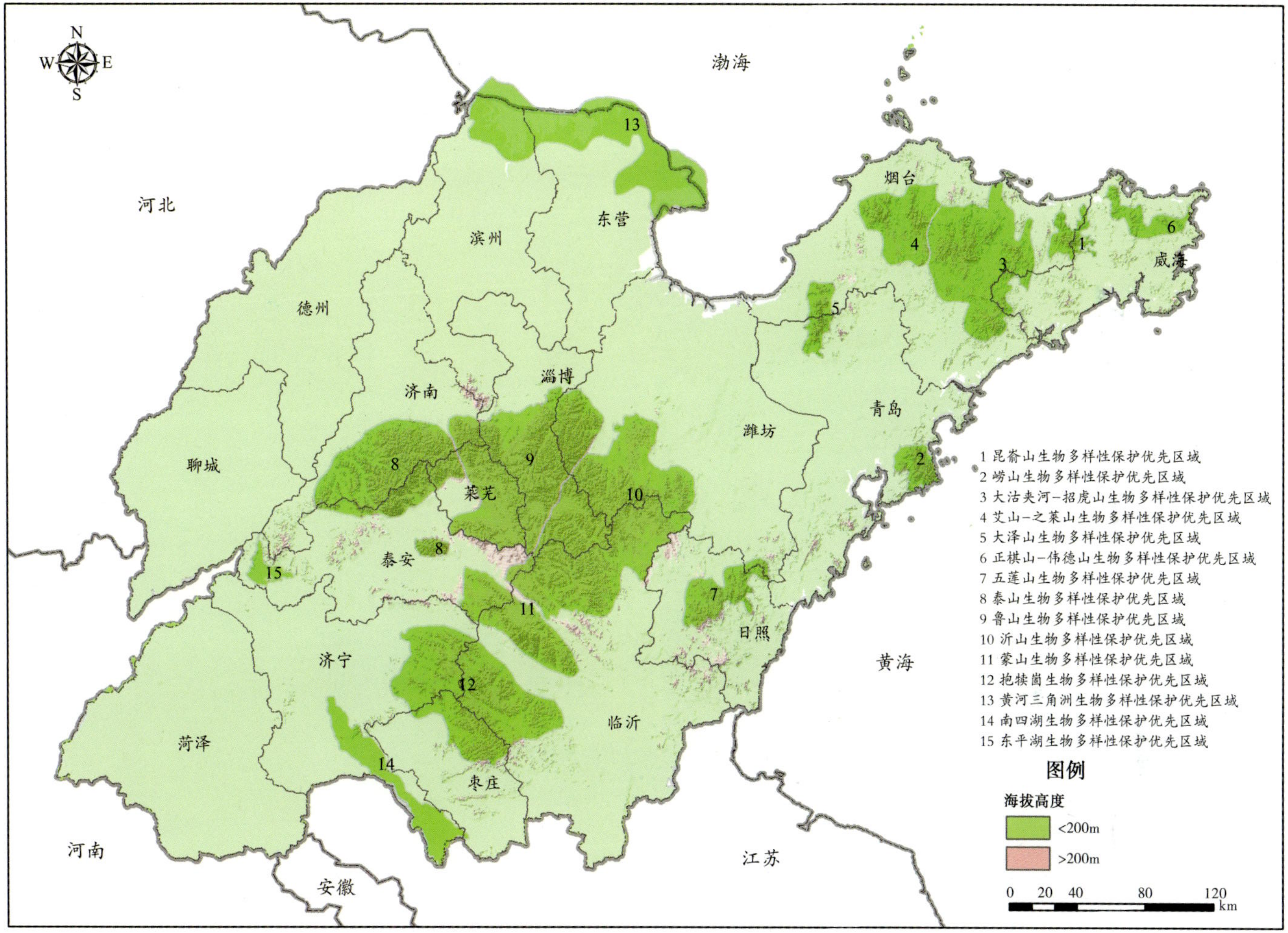

图4-4 山东省陆地生物多样性保护优先区域分布图

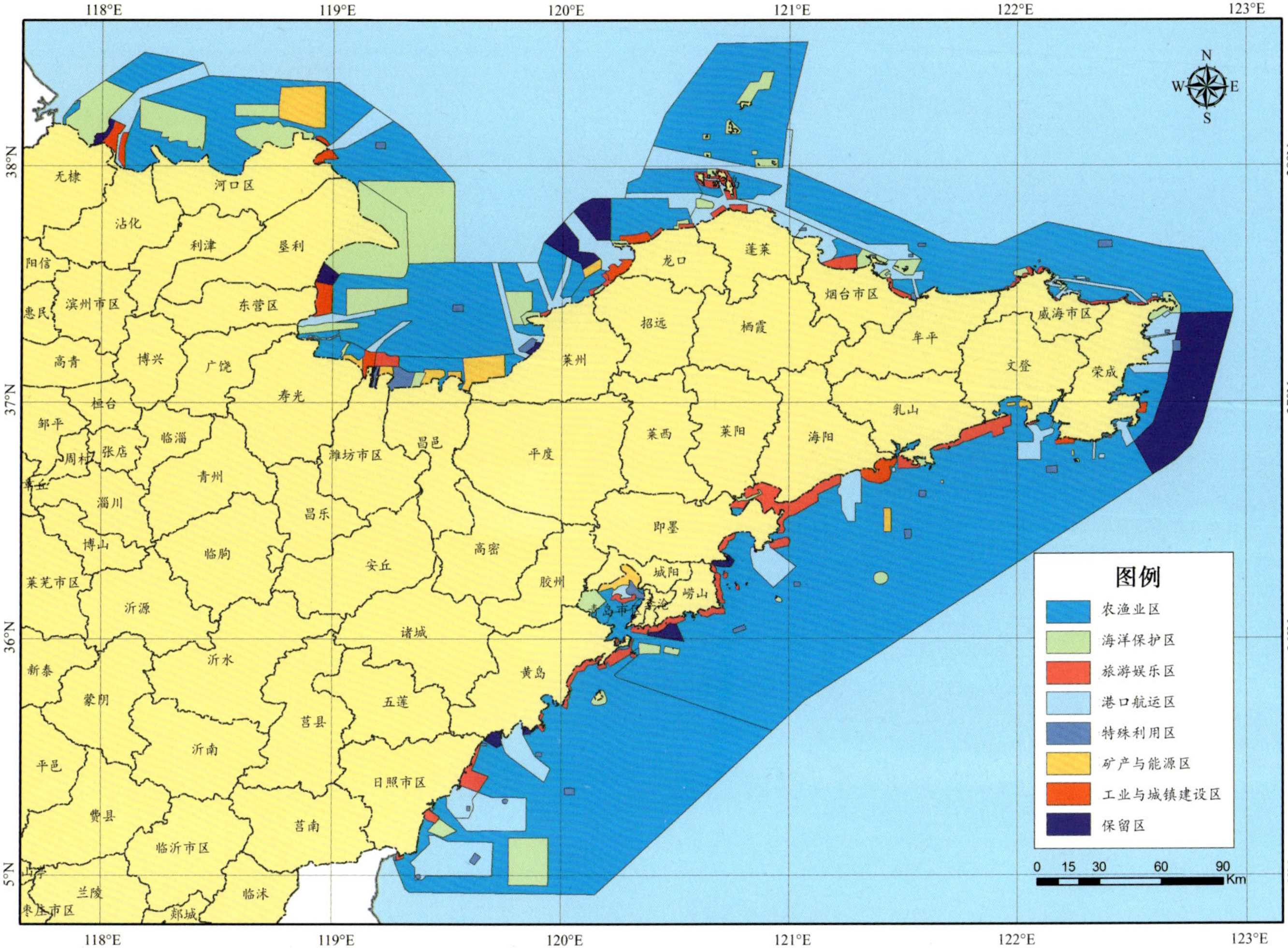

图4-5 山东省海洋功能区划图

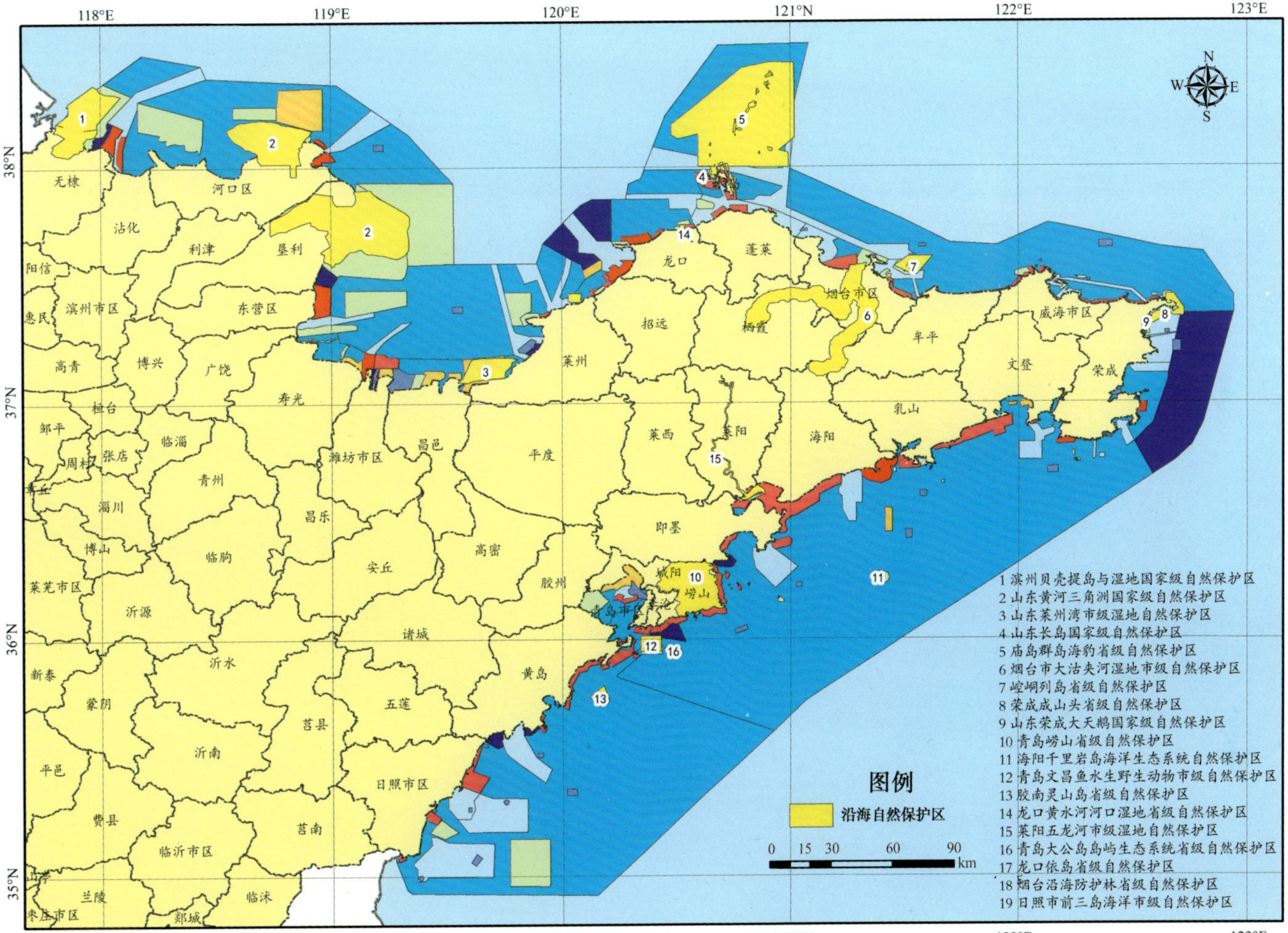

图4-6　山东省沿海自然保护区分布图

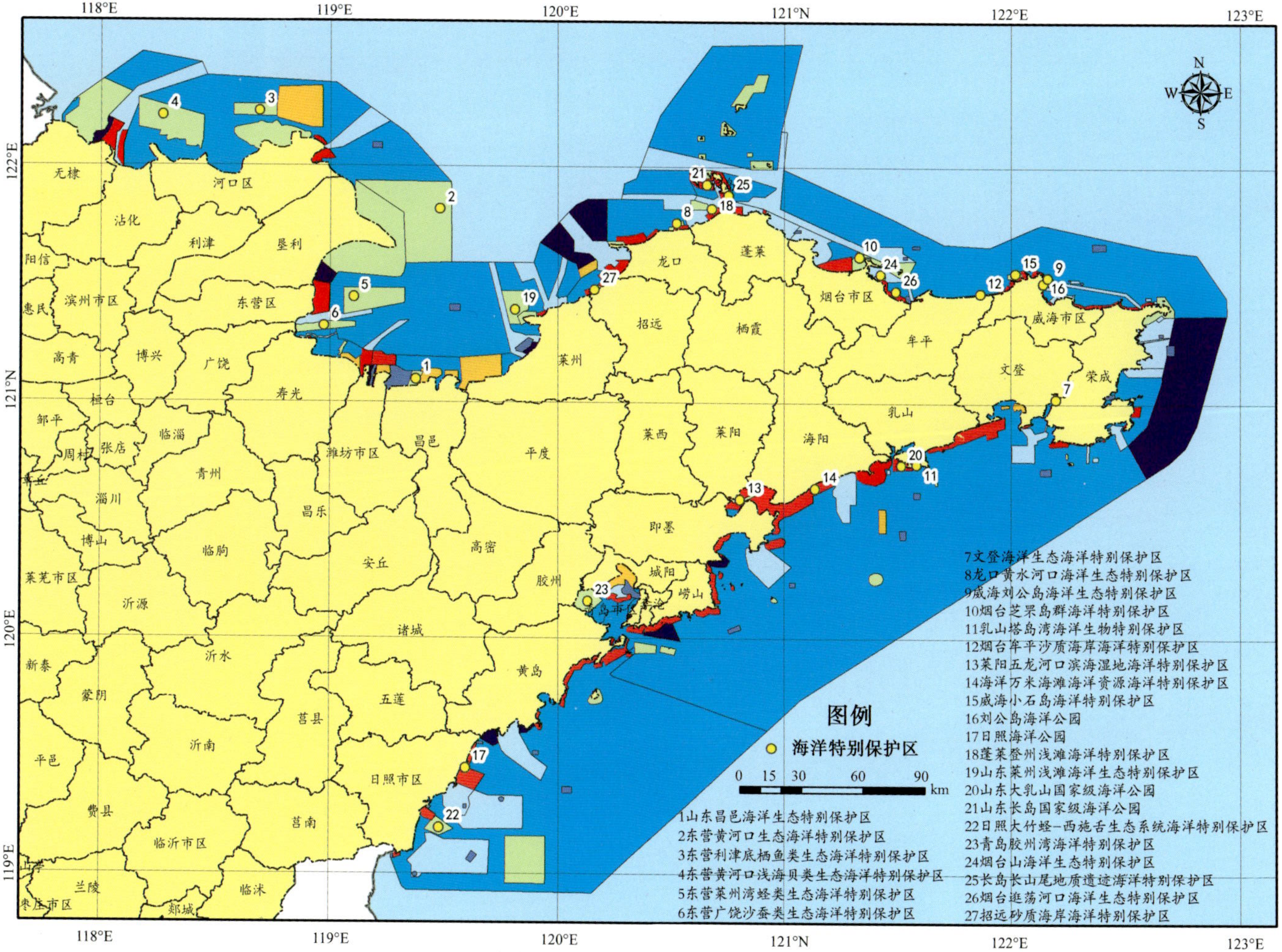

图4-7 山东省海洋特别保护区分布图

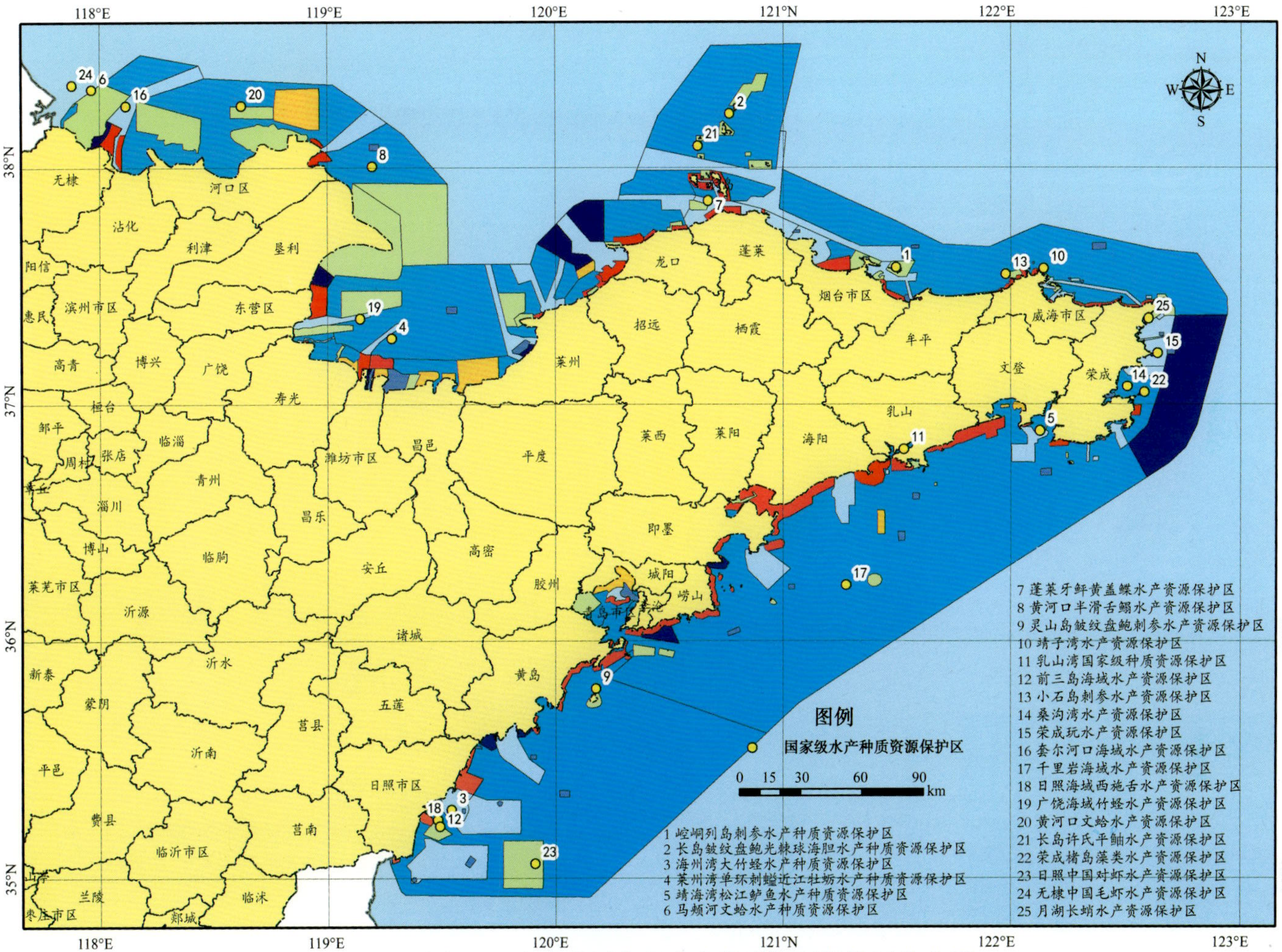

图4-8　山东省国家级水产种质资源保护区分布图

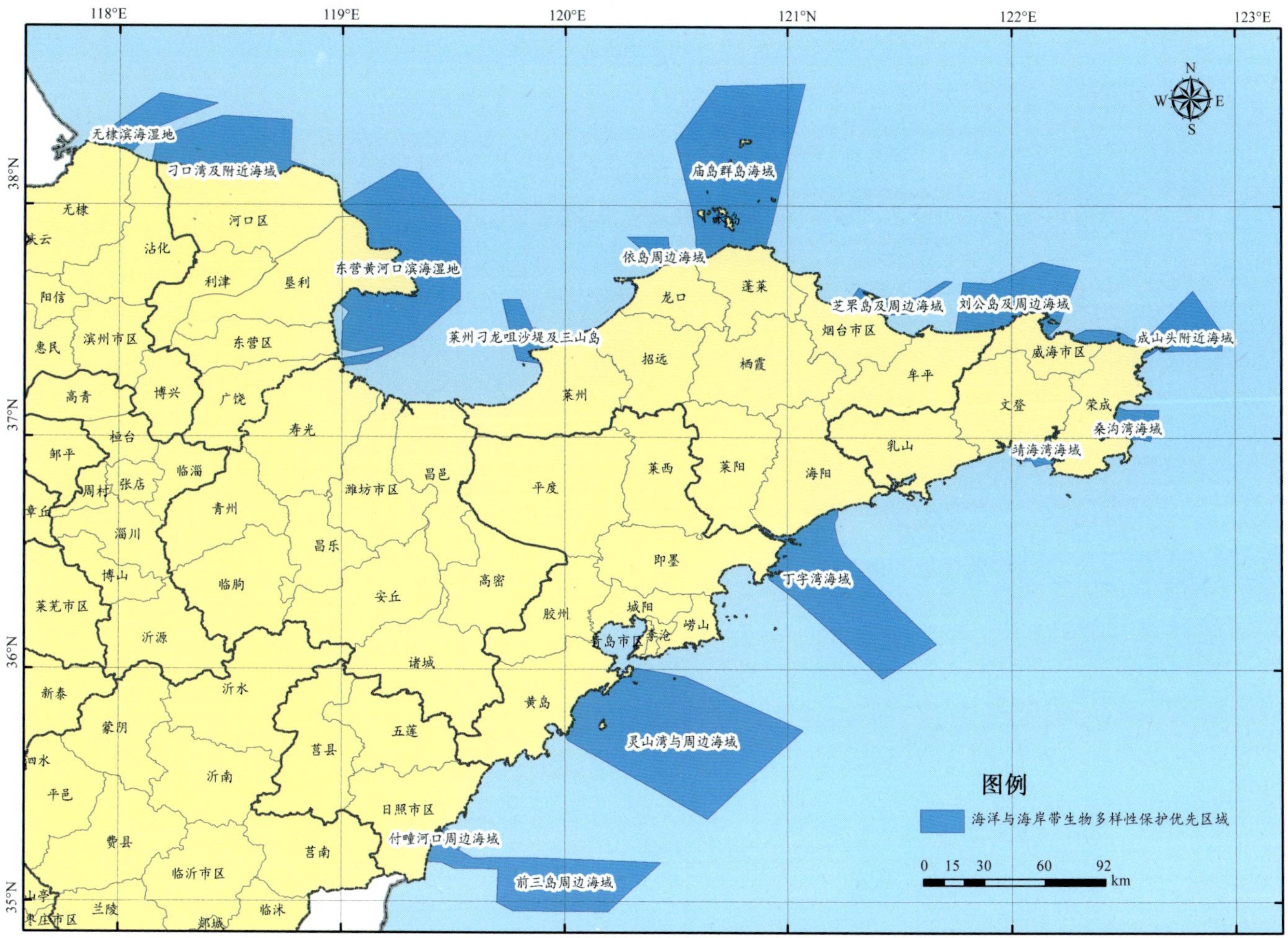

图4-9 山东省海洋与海岸带生物多样性保护优先区域分布图

图书在版编目(CIP)数据

山东省生物多样性保护战略与行动计划. 2011～2030年/田贵全,刘强主编. —济南:山东大学出版社,2016.4
ISBN 978-7-5607-5513-7

Ⅰ.①山…　Ⅱ.①田…②刘…　Ⅲ.①生物多样性—生物资源保护—方针政策—山东省—2011～2030
Ⅳ.①X176

中国版本图书馆CIP数据核字(2016)第056923号

责任策划:姜　明
责任编辑:姜　明
封面设计:张　荔

出版发行:山东大学出版社
社　址　山东省济南市山大南路20号
邮　编　250100
电　话　市场部(0531)88364466
经　销:山东省新华书店
印　刷:济南华林彩印有限公司
规　格:720毫米×1000　毫米　1/16
6.25印张　8插页　80千字
版　次:2016年4月第1版
印　次:2016年4月第1次印刷
定　价:30.00元